高职高专"十三五"规划教材——机电专业系列

机 械 制 图

主　编　郭永成　高立廷　吴克兵
副主编　刘长华　李　贞　鲁　佳
　　　　刘一扬　姬庆玲

东南大学出版社
·南京·

内 容 简 介

本书是高等职业教育机械大类"十三五"系列规划教材之一,是以教育部制定的《高职高专制图课程教学基本要求》为依据编写而成。全书共分 9 个模块,重点阐述了制图基础、投影基础、简单立体、组合体、轴测图、图样画法、标准件和常用件、零件图及装配图的绘图方法和运用技巧。

本书可作为高等职业技术学院、高等专科学校以及成人高等院校机械类专业"机械制图"课程的教材,也可供其他相关专业的师生及工程技术人员参考。与本书配套使用的《机械制图习题集》一同出版。

图书在版编目(CIP)数据

机械制图 / 郭永成,高立廷,吴克兵主编 . — 南京:
东南大学出版社,2016.8(2023.9 重印)
ISBN 978 - 7 - 5641 - 6684 - 7

Ⅰ.①机… Ⅱ.①郭… ②高… ③吴… Ⅲ.①机械制
图-高等职业教育-教材 Ⅳ.①TH126

中国版本图书馆 CIP 数据核字(2016)第 197518 号

机械制图

出版发行:东南大学出版社
社 　址:南京市四牌楼 2 号 邮编:210096
出 版 人:江建中
责任编辑:史建农　戴坚敏
网 　址:http://www.seupress.com
电子邮箱:press@seupress.com
经 　销:全国各地新华书店
印 　刷:常州市武进第三印刷有限公司
开 　本:787mm×1092mm　1/16
印 　张:14.50
字 　数:371 千字
版 　次:2016 年 8 月第 1 版
印 　次:2024 年 9 月第 8 次印刷
书 　号:ISBN 978-7-5641-6684-7
定 　价:45.00 元

前　言

从学生以后将面临的复杂多样的就业环境看,职业能力强的学生无疑更具有就业竞争力,因此发展专深的职业能力十分有必要。在此背景下,本书根据教育部最新制定的《高等院校工程制图课程基本要求(机械类或近机械类专业)》并结合我国高等院校机械类或近机械类专业的教学要求编写而成。本书集作者多年来的教学与改革经验,力求满足广大读者的需要,适应对外开放与交流、合作的要求,贯彻了最新的机械制图国家标准。

本书的主要特点:在教学内容及要求上,将画图和读图作为贯穿全书的主线,重点培养学生的空间思维能力。书中的作图多以分步作图和分步叙述的形式出现,便于阅读。附有与视图相对应的立体图。

全书除附录外,共有 9 个模块,内容包括:制图基础、投影基础、简单立体、组合体、轴测图、图样画法、标准件和常用件、零件图、装配图。本书采用的标准均是迄今为止最新的《机械制图》和《技术制图》国家标准。

为了使教学工作能更好地开展,本书配套的《机械制图习题集》是郭永成、刘一扬主编并由东南大学出版社出版,以便与教材配合使用。本教材可作为高职高专机械(或机电)类、近机械类等专业的制图课程教材,也可供有关专业的师生、工程技术人员使用或参考。

本书由江西工业职业技术学院郭永成、平顶山工业职业技术学院高立廷、武汉城市职业学院吴克兵担任主编;江西工业职业技术学院刘长华,平顶山工业职业技术学院李贞和鲁佳,郑州财经学院刘一扬,武汉城市职业学院姬庆玲担任副主编。全书由郭永成统稿。

本书在编写过程中参考了一些兄弟院校编写的教材和有关资料,并得到了有关单位和领导的支持与帮助,在此谨向关心、支持和帮助本教材编写工作的同志表示衷心的谢意。

尽管我们在编写时已尽了最大努力,但由于水平有限,对于书中存在的缺点和错误,恳请同行和广大读者批评指正。

编者
2016 年 6 月

目　录

课 程 标 准

一、课程说明

参考学时:90～96学时

课程管理系部:机电工程(院)系

课程名称:机械制图

适用专业:机械大类各专业

二、教学性质和任务

课程性质:本课程是机械大类各专业学生学习机械零件等有关专业课的一门重要专业基础课。

课程任务:本课程依据国家《技术制图》和《机械制图》最新标准,研究用投影法绘制机械工程图样的理论和绘图方法。主要任务是培养学生掌握国家《技术制图》和《机械制图》最新标准,绘制和阅读机械零件图、装配图的能力,培养一定的空间想象和空间分析能力以及培养认真的工作态度、细致的工作作风。

三、课程教学目标

(一)知识目标

(1) 能正确并熟练地使用绘图工具和仪器,掌握用仪器和徒手绘图的技能。

(2) 掌握正投影的基本理论和作图方法,了解轴测投影的基本知识,并掌握其基本绘图方法。

(3) 能正确地阅读和绘制一般零件图和装配图,且要求:投影正确,视图选择和配置适当,尺寸标注完整、清晰、合理,字体工整,图面整洁,符合机械制图国家标准。

(4) 能查阅与本课程有关的零件手册和国家标准。

(二)能力目标

(1) 具有阅读零件图的能力。

(2) 具有阅读一般装配图的能力。

(3) 具有查阅有关零件手册和国家标准的能力。

(4) 具有绘制一般零件图、装配图的能力。

(三)思想教育目标

通过本课程的学习,培养学生严肃认真的学习态度和耐心细致的工作作风。

四、教学内容和要求

（一）理论教学

1）制图基础

内容要点：绘图工具和仪器的使用方法；制图国家标准；制图基本规格（图纸幅面、标题栏、比例、字体、图线、尺寸标注等）；几何作图。

教学要求：了解制图国家标准、制图基本规格；掌握绘图工具和仪器的使用方法；掌握几何作图方法。

2）投影基础

内容要点：中心投影和平行投影（正投影、斜投影）方法；三视图的形成及投影规律；点、线、面的投影。

教学要求：了解中心投影和平行投影（正投影、斜投影）方法；掌握三视图的投影规律；掌握点、直线、平面的投影规律。

3）简单立体

内容要点：平面立体的投影；曲面立体、回转体的投影；平面体、回转体截交线的形成及投影；相贯线的形成及投影。

教学要求：了解基本立体的形成；掌握基本体的三视图投影及其表面找点的方法。了解立体表面交线的形成；掌握截交线、相贯线的作图原理。

4）组合体

内容要点：组合体的形体分析；组合体三视图的画法、识读及尺寸标注。

教学要求：了解组合体的形体分析；掌握组合体三视图的画法及组合体的尺寸标注。

5）轴测图

内容要点：轴测图的基本知识；正等轴测图；斜二等轴测图。

教学要求：了解轴测图的基本知识及作图方法；掌握正等轴测图、斜二轴测图的作图方法。

6）图样画法

内容要点：视图、剖视图、断面图；其他表达方式。

教学要求：了解各种零件的表达方法；掌握剖视图、断面图的作图原理及方法。

7）标准件和常用件

内容要点：螺纹与螺纹紧固件的画法；键、销连接及其画法；齿轮的画法；弹簧的画法；滚动轴承的画法和代号。

教学要求：了解各标准件常用件的形成及基本参数；掌握螺纹与螺纹紧固件的画法、键和销连接及其画法、齿轮的画法、弹簧的画法、滚动轴承的画法。

8）零件图

内容要点：零件图的作用和内容；零件的视图选择、尺寸标注及技术要求；表面结构的表示方法及其标注；公差配合的基本概念及其注法；几何公差的基本概念及其注法；零件图的读法。

教学要求:了解零件图的作用和内容;理解零件的视图选择、尺寸标注及技术要求、公差配合的基本概念及其注法、几何公差的基本概念及其注法、表面结构的表示方法及其标注;掌握零件图的读法与画法。

9）装配图

内容要点:装配图的作用和内容;部件的视图表达方法;装配图的视图选择、尺寸标注及技术要求;零件的编号及其明细表;装配图的读法;装配图零部件的测绘及拆画方法。

教学要求:了解装配图的作用和内容;部件的视图表达方法;掌握装配图的视图选择、尺寸标注及技术要求;零件的编号及其明细表;装配图的读法;装配图零部件的测绘及拆画方法。

（二）实践教学

课程教学的全过程布置绘制 A4 号图纸 5 张、A3 号图纸 8 张机械制图大作业及配套的机械制图习题册。课程教学至装配图时,要求学生测绘球阀或齿轮泵,并由零件图拼画装配图。

五、学时分配建议

序号	理论教学提要	实践教学	参考学时
1	制图基础	抄画平面图形	12
2	投影基础	三视图形成练习	10
3	简单立体	简单立体三视图绘制	10
4	组合体	组合体三视图绘制	10
5	轴测图	绘制正等测和斜二测	8
6	图样画法	剖视图或断面图绘制	12
7	标准件和常用件	紧固件连接或齿轮啮合	12
8	零件图	轴或箱体零件绘制	12
9	装配图	球阀或齿轮泵装配图绘制	10
合计			96

六、教学方法

本课程的教学环节有课堂教学、习题课、大作业、考试等。讲课内容要重点突出,着重把基本概念、基本理论、基本方法讲清楚,注重平时练习。

七、考核及成绩评定方式

课后应布置一定的习题册作业,同时根据需要布置（A4 号、A3 号）图纸的制图大作业绘图练习。

成绩评定以期末考试＋平时成绩的方式进行。其中,期末考试成绩占 70%,平时成绩(纪律、考勤、作业)占 30%。建议第二学期以装配体零部件测绘并绘制零件图、拼画装配图评定学生成绩。

八、推荐教材及参考书目

全国技术产品文件标准技术委员会,中国标准出版社第三编辑室.2010 机械制图国家标准汇编.北京:中国标准出版社,2010

郑和东,成海涛.机械制图.哈尔滨:哈尔滨工程大学出版社,2010

刘福华,林慧珠.工程制图.北京:石油工业出版社,2009

王其昌,翁民玲.机械制图.北京:机械工业出版社,2014

宋金虎.机械制图.北京:清华大学出版社,2010

模块一

制图基础

【导　读】

→ 知 识 点

(1) 国家标准《技术制图》《机械制图》的有关规定
(2) 绘图的基本方法
(3) 平面图形的分析及画图步骤
(4) 绘图技能

→ 技 能 点

(1) 掌握国家标准关于机械制图的一般规定
(2) 掌握绘图工具的使用方法
(3) 了解正多边形、斜度、锥度的作图方法
(4) 了解圆弧连接的作图方法
(5) 掌握平面的画图步骤
(6) 掌握仪器绘图
(7) 了解徒手绘图

→ 教学重点

(1) 圆弧连接的作图方法
(2) 掌握平面的画图步骤
(3) 掌握仪器绘图

→ 教学难点

(1) 正多边形、斜度、锥度的作图方法
(2) 圆弧连接的作图方法

→ 考核任务

(1) 任务内容　抄绘平面图形

（2）目的要求　熟悉国家标准,掌握平面绘图方法和步骤

（3）仪器工具　三角板、圆规、图纸、铅笔

（4）考核要求　用 A4 图纸,完成模块内容后面的制图大作业,要求做到图形表达正确,图线连接光滑,图面干净整洁,图形布置合理;绘图线型合格,书写字体工整,尺寸标注正确完整,符合制图国家标准规定

知识点 1　绘图工具和仪器的使用

工程技术人员必须掌握正确使用绘图工具和仪器的方法。下面介绍手工绘图时经常使用的绘图工具和仪器。

1.1.1　绘图工具

1）图板

图板是用来铺放和固定图纸的工具。根据不同图纸幅面的大小共分 0 号(120 cm×90 cm)、1 号(90 cm×60 cm)、2 号(60 cm×45 cm)、3 号(45 cm×30 cm)等几种规格,图板外形如图 1-1 所示。

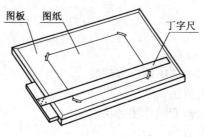

图 1-1　图板与丁字尺

2）丁字尺

丁字尺由尺头和尺身构成,有 120 cm、90 cm、80 cm、60 cm、45 cm 等几种规格,如图 1-2 所示。使用时,左手将尺头内侧紧靠图板的左侧导边上下移动,右手持铅笔沿丁字尺的工作边自左向右可画出一系列水平线,如图 1-2 所示。

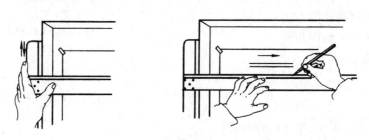

图 1-2　丁字尺的使用及水平线的绘制

3）三角板

一副三角板由 45°三角板和 30°~60°三角板两块组成。丁字尺与三角板配合使用,自下向

上可画出垂直线,与两块三角板配合可画出15°倍数角的斜线,如图1-3所示。

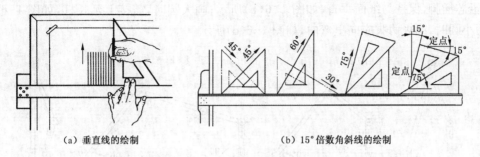

(a)垂直线的绘制　　　　　　　　(b)15°倍数角斜线的绘制

图1-3　丁字尺与三角板配合画线

4)曲线板

曲线板是用来绘制非圆曲线的。首先定出曲线上足够数量的点,再选择曲线板上曲率与之相吻合的部分分段画出各段曲线。如图1-4所示。

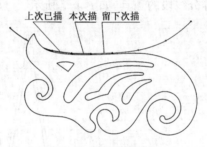

图1-4　用曲线板作图

1.1.2　绘图仪器

1)圆规

圆规主要用来画圆或圆弧,其构件与附件如图1-5(a)所示。画圆时,圆规的钢针应使用有肩台的一端,并使肩台面与铅芯尖端平齐,两脚与纸面垂直,如图1-5(b)所示。

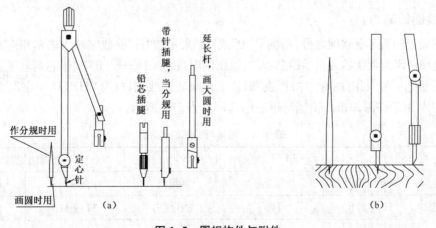

图1-5　圆规构件与附件

一般情况下,画圆时应按顺时针方向旋转圆规,如图 1-6(a)所示;画较大圆时,应调整钢针与铅芯插脚,保持与纸面垂直,如图 1-6(b)所示;画大圆时,需接上延长杆,如图 1-6(c)所示;画小圆时,圆规两脚应向里弯曲,如图 1-6(d)所示。

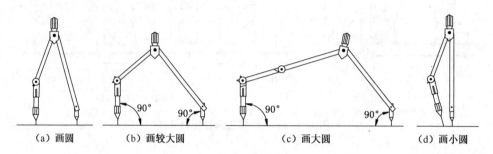

（a）画圆　　　　（b）画较大圆　　　　（c）画大圆　　　　（d）画小圆

图 1-6　圆规的用法

2）分规

分规是用来截取尺寸、等分线段的工具,如图 1-7 所示。

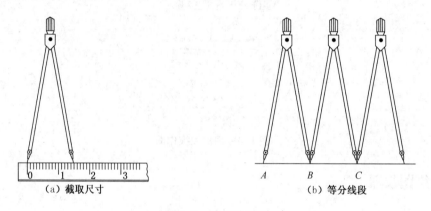

（a）截取尺寸　　　　（b）等分线段

图 1-7　分规的用法

1.1.3　绘图用品

1）绘图铅笔

绘图铅笔的铅芯有软硬之分,用标号"B"或"H"表示。"H"前数字越大表示铅芯越硬,绘出的图线越浅;"B"前数字越大表示铅芯越软,绘出的图线越深;标号"HB"的铅芯则软硬适中。

常用铅笔标号及用途:标号"H"或"2H"用于画底稿线用;标号"HB"用于书写文字;标号"HB"或"B"用于描深加粗。铅笔与铅芯的选用如表 1-1 所示。

表 1-1　铅笔与铅芯的选用

用途	铅　　笔			圆规用铅芯	
	画细线	写字	画粗线	画细线	画粗线
软硬程度	H 或 2H	HB	HB 或 B	H 或 HB	B 或 2B

续表 1-1

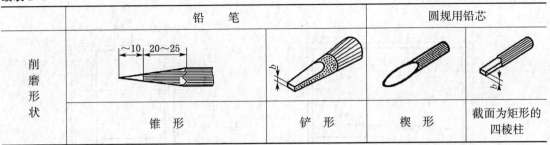

	铅　笔		圆规用铅芯	
削磨形状				
	锥　形	铲　形	楔　形	截面为矩形的四棱柱

2）绘图纸

绘图纸要求质地坚实和洁白,用橡皮擦拭不易起毛。绘图时必须用图纸的正面画图。识别方法是用橡皮擦拭几下,不易起毛的一面即为正面。

（1）图纸幅面尺寸

国家标准《技术制图　图纸幅面和格式》(GB/T 14689—2008)对图纸幅面及图框格式作了具体的规定。图纸幅面是指由图纸宽度 B 和长度 L 组成的图面。标准图幅代号分别为A0、A1、A2、A3、A4 号共 5 种。如表 1-2 所示。

表 1-2　图纸幅面及图框尺寸　　　　　　　　　　　　　单位：mm

幅面代号	A0	A1	A2	A3	A4
$B×L$	841×1189	594×841	420×594	297×420	210×297
e	20			10	
c	10			5	
a	25				

必要时,允许加长幅面,加长后的幅面尺寸应按基本幅面的短边成整数倍增加。

（2）图框格式

在图纸上必须用粗实线画出图框,其格式分为不留装订边和留装订边两种。但同一产品的图样应采用同一种格式。

不留装订边的图纸,其图框格式如图 1-8 所示,相关尺寸见表 1-2。

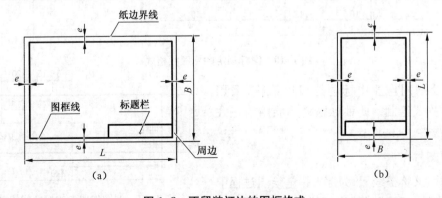

（a）　　　　　　　　　　　　　　　（b）

图 1-8　不留装订边的图框格式

留有装订边的图纸,其图框格式如图 1-9 所示,相关尺寸见表 1-2。

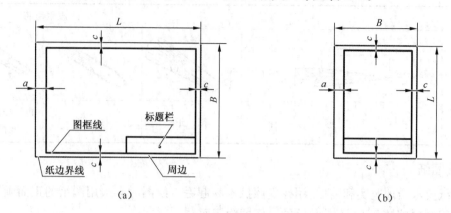

图 1-9　留装订边的图框格式

（3）标题栏

国家标准《技术制图　标题栏》(GB/T 10609.1—2008)对标题栏的内容、格式和尺寸作了规定。

标题栏位于图纸的右下角,如图 1-8 和图 1-9 所示。看图的方向应与标题栏的文字方向一致。标题栏的长边置于水平方向并与图纸的长边平行时,构成 X 型图纸,如图 1-8(a)、图 1-9(a) 所示。若标题栏的长边与图纸的长边垂直时,则构成 Y 型图纸,如图 1-8(b)、图 1-9(b) 所示。

有些已经印刷好图框的图纸,标题栏一般均已印刷在图纸上,不必自己绘制。国家标准规定的标题栏如图 1-10 所示。

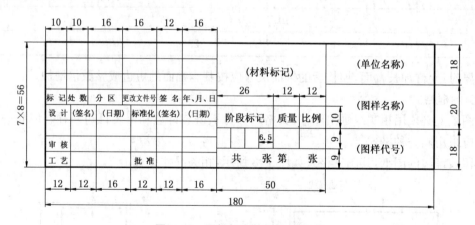

图 1-10　国标规定的标题栏格式

在学校制图作业中标题栏可以简化,采用图 1-11 的格式绘制。此种标题栏不能用为正式图样的标题栏。

3）擦图片

擦图片,又称擦线板,为擦去铅笔绘图过程中产生的不需要的稿线或错误图线,并保护邻近图

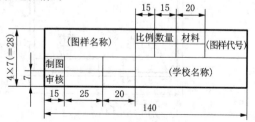

图 1-11　制图作业中的标题栏格式

线完整的一种制图辅助工具。擦图片多采用塑料或不锈钢制成,厚度 0.3 mm 左右,如图 1-12 所示。

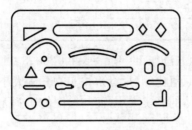

图 1-12　擦图片

绘图用品还有粘贴图纸的胶带纸、铅笔刀、磨铅芯的砂纸板、橡皮、清洁图纸的软毛刷等。

知识点2　国家标准的基本规定

机械图样是工业生产中基本的技术文件,是工程技术人员交流的"语言"。国家标准(简称"国标"或"GB")《技术制图》与《机械制图》对机械图样的内容、格式、尺寸注法和表达方法等都作了统一规定,它们是机械图样绘制和使用的准则。

1.2.1　比例

国家标准《技术制图　比例》(GB/T 14690—1993)对比例的定义、种类以及比例在图样中的标注方法作了具体规定。

图样中图形与其实物相应要素的线性尺寸之比,称为比例。

比值为 1 的比例称为原值比例,比值大于 1 的比例称为放大比例,比值小于 1 的比例称为缩小比例。绘制图形时,根据物体的形状、大小及结构复杂程度不同,可选用原值比例、放大比例和缩小比例。在选用比例时应优先选用表 1-3 中比例。必要时,也允许选用表 1-4 中的比例。

表 1-3　比例系列(一)(n 为整数)

种　　类	比　　例		
原值比例	1:1		
放大比例	$5:1$ $5\times10^n:1$	$2:1$ $2\times10^n:1$	$1\times10^n:1$
缩小比例	$1:2$ $1:2\times10^n$	$1:5$ $1:5\times10^n$	$1:10$ $1:1\times10^n$

表 1-4　比例系列(二)(n 为整数)

种　　类	比　　例	
放大比例	$4:1$ $4\times10^n:1$	$2.5:1$ $2.5\times10^n:1$

续表 1-4

种　类	比　例				
缩小比例	$\dfrac{1:1.5}{1:1.5\times10^{n}}$	$\dfrac{1:2.5}{1:2.5\times10^{n}}$	$\dfrac{1:3}{1:3\times10^{n}}$	$\dfrac{1:4}{1:4\times10^{n}}$	$\dfrac{1:6}{1:6\times10^{n}}$

比例符号以"："表示,表示方法如 1：1、1：5、1：200、5：1 等,一般应标注在标题栏中的比例栏内。绘图时应尽量采用原值比例(1：1),按实物真实大小绘制。无论采用何种比例,在图形上标注的尺寸数字均为物体的真实大小,而与绘图的比例无关,如图 1-13 所示。

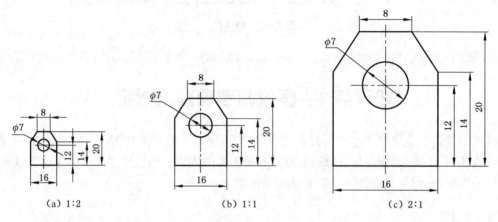

(a) 1:2　　　　　　(b) 1:1　　　　　　(c) 2:1

图 1-13　用不同比例绘制的图形

在同一张图样上的各个图形一般采用相同的比例绘制。当某个图形(例如局部放大图)需要采用不同的比例绘制时,必须在视图名称的下方标注出该图形所采用的比例,如 $\dfrac{\text{I}}{2:1}$,$\dfrac{\text{II}}{4:1}$,如图 1-14 所示。

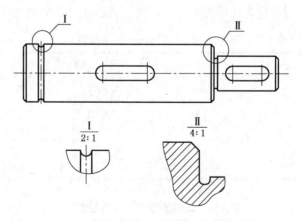

图 1-14　局部放大图的比例标注

1.2.2　字体

国家标准《技术制图　字体》(GB/T 14691—1993)规定了汉字、拉丁字母、数字的书写要求及示例。国标规定图样中书写的字体必须做到字体工整、笔画清楚、间隔均匀、排列整齐。

字体的高度(用 h 表示)代表字体的号数,如 7 号字的高度为 7 mm。字体高度的公称尺寸系列为:1.8 mm,2.5 mm,3.5 mm,5 mm,7 mm,10 mm,14 mm,20 mm,共 8 种。汉字的字高不能小于 3.5 mm,其字宽一般为字高的 0.7 倍。

1）汉字

在图样中书写的汉字应采用长仿宋体,并应采用国家正式公布的简化字。书写长仿宋体字的要领是:横平竖直、注意起落、结构匀称、填满方格。

2）数字和字母

数字和字母可写成斜体和直体,一般常用斜体。斜体字字头向右倾斜,与水平基准线成 75°。

3）字体示例

汉字、数字和字母的示例如图 1-15 所示。

字体端正　　装配斜度　　技术要求

10号字　　　7号字　　　5号字

（a）长仿宋体汉字

（b）阿拉伯数字

I Ⅱ Ⅲ Ⅳ Ⅴ Ⅵ Ⅶ Ⅷ Ⅸ Ⅹ

（c）罗马数字

（d）大写拉丁字母

（e）小写拉丁字母

图 1-15　字体示例

1.2.3　图线

国家标准《机械制图　图样画法　图线》(GB/T 4457.4—2002)规定了基本线型的名称、型式和宽度系列,以及各种图线在机械图样上的应用和图线的画法等。

1）图线的型式及其应用

表 1-5 列出了绘制机械图样常使用的 6 种基本图线的名称、线型和一般应用。一般将细虚线、细点画线、细双点画线分别简称为虚线、点画线和双点画线。

表 1-5　线型及其应用

图线名称	线　型	图线宽度	一般应用
粗实线	 　　　　　　　　　　　　　　p	粗 d	可见棱边线、可见轮廓线、相贯线、螺纹的牙顶线和齿轮的齿顶圆（线）
细实线		细约 $d/2$	尺寸线和尺寸界线、剖面线、过渡线、指引线和基准线、重合断面的轮廓线、螺纹的牙底线及齿轮的齿根线
虚线	——　—　—　—　—　—	细约 $d/2$	不可见棱边线、不可见轮廓线
细点画线	——·——·——·——	细约 $d/2$	轴线、对称中心线、齿轮的分度圆线、孔系分布的中心线
细双点画线	——··——··——	细约 $d/2$	相邻辅助零件的轮廓线、可动零件的极限位置的轮廓线、中断线
波浪线	〜〜〜〜〜	细约 $d/2$	断裂处的边界线、视图与剖视图的分界线

常用的各种图线的具体应用示例如图 1-16 所示。

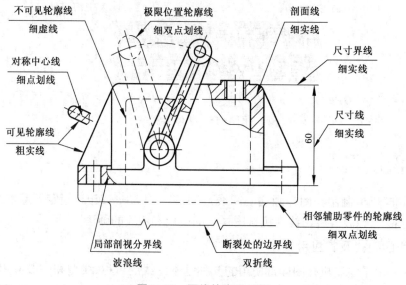

图 1-16　图线的应用示例

2）图线的尺寸

所有线型的图线宽度(d)应按图样类型和尺寸大小在下列推荐系列中选择：0.13 mm，0.18 mm，0.25 mm，0.35 mm，0.5 mm，0.7 mm，1 mm，1.4 mm，2 mm。

机械图样中的图线分粗、细两种，粗线与细线的宽度比为2∶1。绘图时粗线(d)一般优先取0.5 mm或0.7 mm。

手工绘图时，线素(指不连续线的独立部分，如点、长度不同的画和间隔)的长度宜符合表1-6的规定。

表1-6　线素的长度

线素	线型	长度	示例
点	点画线、双点画线	≤0.5d	
短间隔	虚线、点画线	3d	
画	虚线	12d	
长画	点画线、双点画线	24d	

注：d为粗线的宽度。

3）图线的画法

图线的画法如表1-7所示。

表1-7　图线的画法

要求	图例	
	正确	错误
点画线、双点画线的首末两端应是画，而不是点。		
画圆的中心线时，圆心应是画的交点，点画线两端应超出轮廓2～5 mm；当圆较小时，允许用细实线代替点画线。		
虚线与虚线或实线相交，应以线段相交，不得留有间隔。		
虚线直线在粗实线的延长线上相接时，虚线应留出间隔；虚线圆弧与粗实线相切时，虚线圆弧应留出间隔。		

同时，应注意，同一张图样中同类图线的宽度应基本一致。虚线、点画线及双点画线的线段长度和间隔应大致相同。两条平行线之间的最小距离不得小于0.7 mm。当有两种或更多种图线重合时，通常应按照图线所表达对象的重要程度优先选择绘制顺序：可见轮廓线→不可

见轮廓线→尺寸线→各种用途的细实线→轴线和对称中心线。

1.2.4 尺寸注法

国家标准《机械制图 尺寸注法》(GB/T 4458.4—2003)规定了机械图样上标注尺寸的基本方法。图形中的尺寸是确定物体大小的依据,是机件的最后完工尺寸。标注尺寸中的数字应遵守国家标准《技术制图 字体》(GB/T 14691—1993)中的规定。

1)基本规则

(1)机件的真实大小应以图样上所注的尺寸数值为依据,与图形绘制比例与准确度无关。

(2)机械图样中的尺寸以 mm(毫米)为单位,不需标注计量单位的代号或名称。如采用其他单位,则必须注明相应的计量单位的代号或名称。

(3)物体的每一尺寸,在图样中一般只标注一次,并应标注在反映该结构最清晰的图形上。

(4)标注尺寸时,应尽可能使用符号或缩写词。

常用的符号和缩写词见表1-8所示。

表1-8 常用的符号和缩写词　　　　　(GB/T 4458.4—2003)

序号	含义	符号或缩写词	序号	含义	符号或缩写词
1	直径	Φ	8	正方形	□
2	半径	R	9	深度	↓
3	球直径	$S\Phi$	10	沉孔或锪平	⊔
4	球半径	SR	11	埋头孔	∨
5	厚度	t	12	弧长	⌒
6	均布	EQS	13	斜度	∠
7	45°倒角	C	14	锥度	◁

2)尺寸的组成

一个完整的尺寸标注,是由尺寸界线、尺寸线、尺寸线终端和尺寸数字组成的。标注示例如图1-17所示。

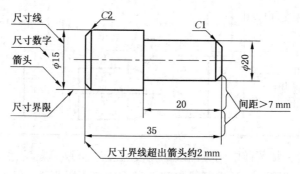

图1-17 尺寸的组成

（1）尺寸界线 用于表示所注尺寸的范围,用细实线绘制。

尺寸界线应从图形中的轮廓线、轴线或中心线引出,尽量引画在图形外,并超出尺寸线末端约 2～3 mm。有时也可用轮廓线、轴线或中心线作为尺寸界线。尺寸界线一般应与尺寸线垂直。

（2）尺寸线 用于表示尺寸度量的方向,用细实线绘制在尺寸界线之间。

标注线性尺寸时,尺寸线必须与所标注的线段平行。尺寸线应单独画出,不能用其他图线代替,也不得与其他图线重合或画在其延长线上。

（3）尺寸线终端 用于表示尺寸的起止。

尺寸线终端形式有箭头和斜线两种,箭头的形式如图 1-18(a)所示,适用于各种类型的图样;斜线用细实线绘制,其方向以尺寸线为准,逆时针旋转 45°,如图 1-18(b)所示。当尺寸线的终端采用斜线形式时,尺寸线与尺寸界线必须相互垂直。同一张图样中,只能采用一种尺寸线终端形式。图 1-18(c)所示为箭头的不正确画法,在绘制图样时应尽量避免。

机械图样中一般采用箭头作为尺寸线终端。

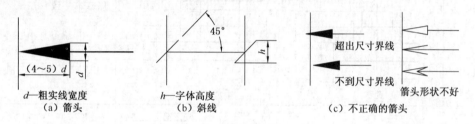

图 1-18 尺寸线终端形式

（4）尺寸数字 用于表示物体的真实大小的尺寸数值。

线性尺寸数字一般应注写在尺寸线的中间上方,也允许注写在尺寸线的中断处,同一张图样上的注写形式应一致,如图 1-19(a)所示。

线性尺寸的数字应按图 1-19(b)所示的方向注写,即水平尺寸字头朝上,垂直尺寸字头朝左,倾斜尺寸字头保持朝上的趋势;并尽量避免在 30°范围内标注尺寸,当无法避免时,允许按图 1-19(c)所示形式标注;数字不可被任何图线所通过,当不可避免时,图线必须断开,如图 1-19(d)所示。

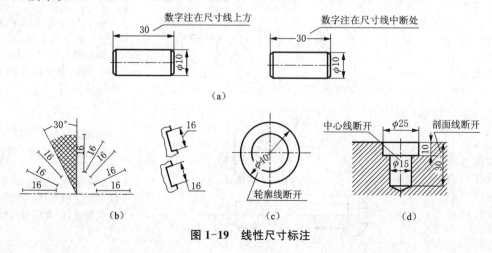

图 1-19 线性尺寸标注

3) 常见的尺寸标注方法

表 1-9 列出了常见的尺寸标注方法示例。

表 1-9　常见的尺寸标注示例

内容	图　　例	说　　明
直线尺寸标注	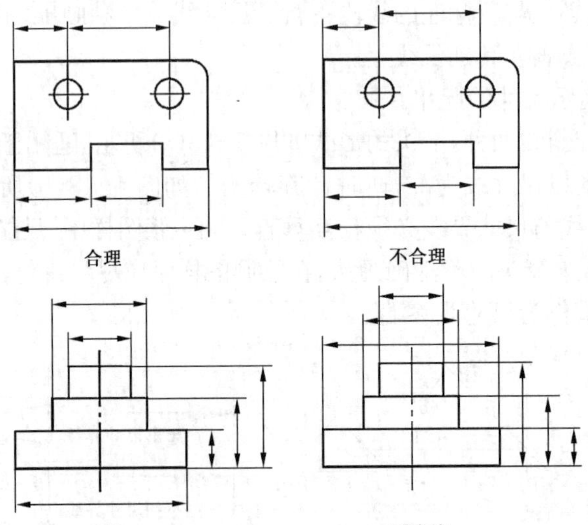 合理　　　不合理 合理　　　不允许	串联尺寸,箭头对齐,即应注在一条直线上; 并联尺寸,小尺寸在内,大尺寸在外,尺寸线之间间隔不得小于 7 mm,保持间隔基本一致
圆的尺寸标注	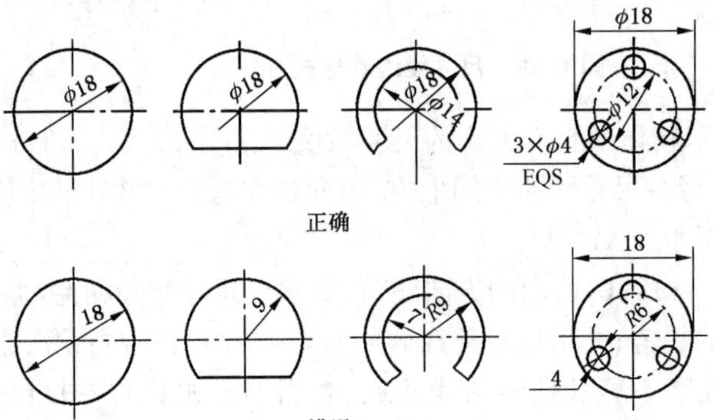 正确 错误	圆和大于半圆的圆弧尺寸应标注直径,尺寸线通过圆心,箭头指向圆周,并在尺寸数字前加注符号"ϕ"
圆弧尺寸标注	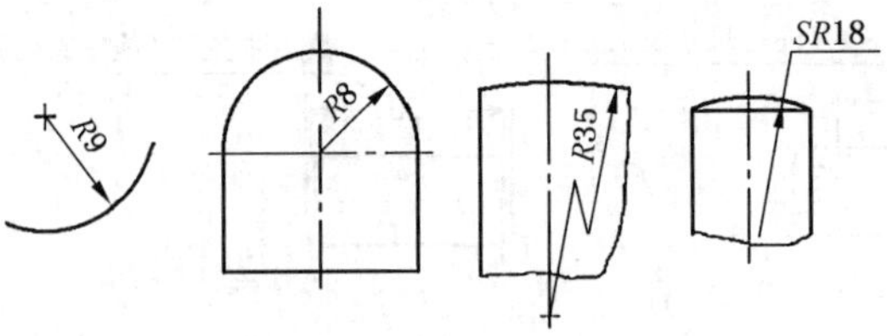	小于和等于半圆的圆弧尺寸一般标注半径,尺寸线从圆心引出指向圆弧,终端画出箭头,并在尺寸数字前加注符号"R"
球体尺寸标注	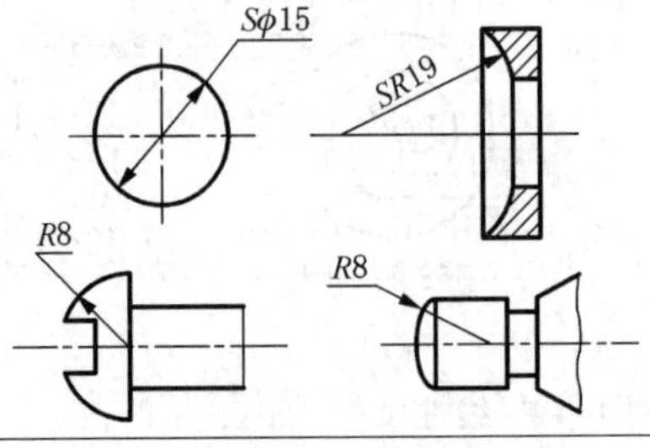	球面的直径或半径标注,应在符号"ϕ"或"R"前加注符号"S"; 对于螺钉、铆钉头部、手柄等端部的球体,在不致引起误解时,可省略符号"S"

内 容	图 例	说 明
狭小尺寸标注	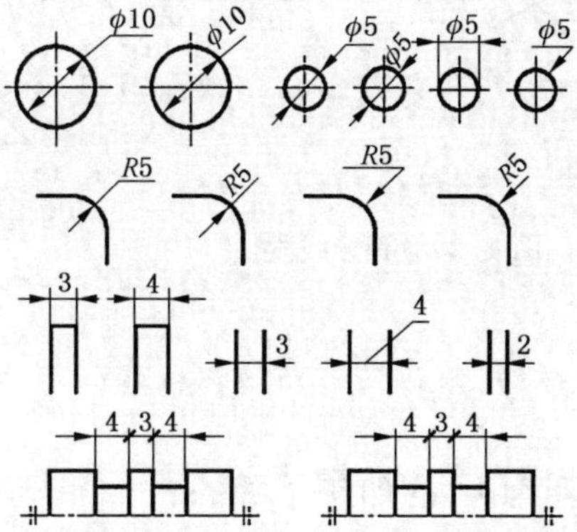	当没有足够位置注写数字或画箭头时,可把箭头或数字之一布置在图形外,也可把箭头与数字均布置在图形外; 标注串联线性小尺寸时,可用小圆点或斜线代替箭头,但两端的箭头仍应画出
角度标注	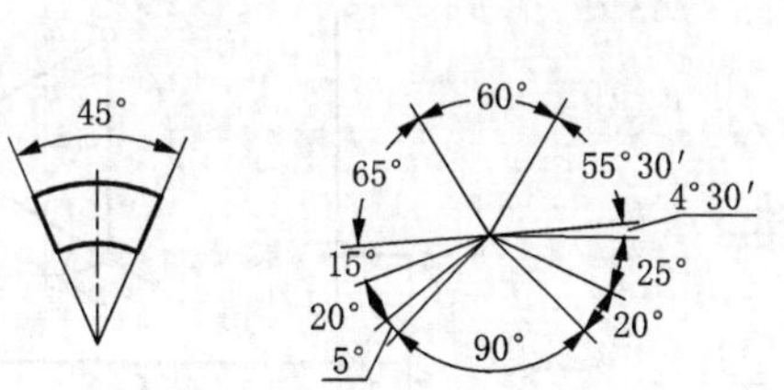	角度的尺寸界线沿径向引出,尺寸线画成圆弧,其圆心是角度顶点; 角度数字一律写成水平方向,一般注写在尺寸线的中断处,必要时,也可注写在尺寸线的上方、外侧或引出标注
对称图形尺寸标注	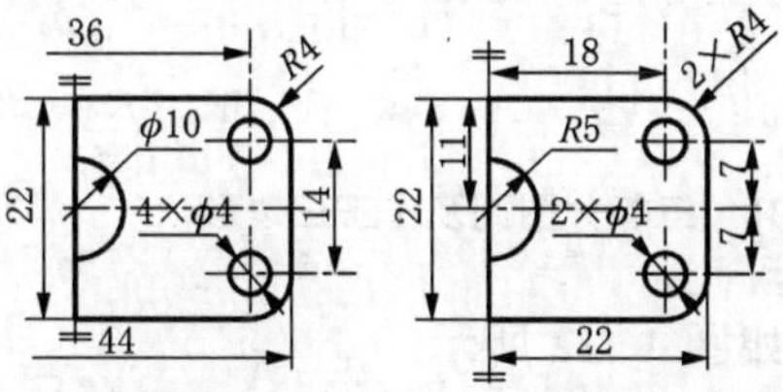 正确　　　　　错误	对称图形尺寸的标注为对称分布;当对称图形只画一半或略大于一半时,尺寸线应略超过对称中心线或断裂处的边界线,尺寸线另一端画出箭头

知识点 3　几何作图

机械图样中机件的图形轮廓都是由一些直线、圆弧或其他曲线所组成的几何图形。因此,绘制机械图样时,应当掌握几何图形的作图原理和作图方法。

1.3.1　等分线段

五等分线段 AB,如图 1-20 所示。作图步骤如下。

(1) 过已知线段的一端点任作一辅助直线 AC,如图 1-20(a)所示。

(2) 用分规以任意长度自 A 点在辅助直线 AC 上截取 1、2、3、4、5 点,如图 1-20(b)所示。

(3) 连接 $5B$,过 1、2、3、4 点作 $5B$ 的平行线交 AB 于 $1'$、$2'$、$3'$、$4'$点,如图 1-20(c)所示。点 $1'$、$2'$、$3'$、$4'$ 即为直线 AB 的五等分点。

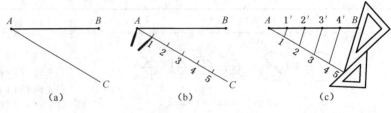

图 1-20　等分线段

1.3.2　等分圆周及作正多边形

1）三等分圆周及作正三边形，如图 1-21 所示

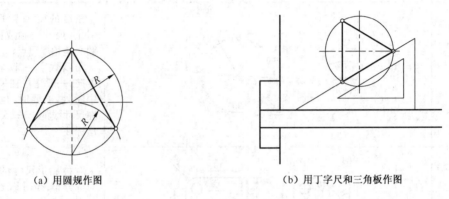

（a）用圆规作图　　　　　　　　　　　（b）用丁字尺和三角板作图

图 1-21　三等分圆周及作正三边形

2）六等分圆周及作正六边形，如图 1-22 所示

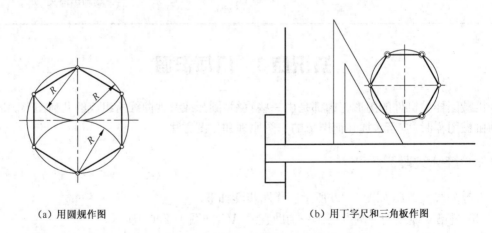

（a）用圆规作图　　　　　　　　　　　（b）用丁字尺和三角板作图

图 1-22　六等分圆周及作正六边形

3）n 等分圆周及作正 n 边形（以正七边形为例）

n 等分铅垂直径 AK（在图中 $n=7$），以 A 点为圆心、AK 为半径作弧，交水平中心线于点 S，延长连线 $S2$、$S4$、$S6$，与圆周交得点 G、F、E，再作出它们的对称点 B、C、D，则点 A、B、C、D、

E、F、G 将圆周七等分,连接 AB、BC、CD、DE、EF、FG、GA 即可作出圆内接正七边形。

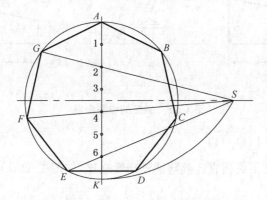

图 1-23 七等分圆周及作正七边形

1.3.3 斜度与锥度

1) 斜度(S)

一条直线(或平面)对另一直线(或平面)的倾斜程度称为斜度。其大小用两直线或两平面夹角的正切值表示,如图 1-24(a)所示,即:

$$斜度 \ S = \tan\alpha = \frac{CB}{AB} = \frac{H}{L}$$

在机械图样中,斜度常以 $1 : n$ 的形式标注。在比数前用斜度图形符号表示,斜度图形符号的画法如图 1-24(b)所示。斜度图形符号标注在轮廓线引出线上,符号倾斜的方向应与斜度的方向一致,如图 1-24(c)所示。

(a)斜度 　　　　　 (b)斜度图形符号 　　　　 (c)斜度标注

图 1-24 斜度及斜度的标注

图 1-25 为斜度的作图步骤:

(1) 已知斜度 $1 : 5$,如图 1-25(a)所示。

(2) 作 $BC \perp AB$,在 AB 上取 5 个单位长度得 D,在 BC 上取 1 个单位长度得 E,连接 D 和 E,得 $1 : 5$ 参考的斜度线,如图 1-25(b)所示。

(3) 按其中一端的尺寸定出点 F,过点 F 作 DE 平行线,斜线 FC 即为所求斜度线,如图 1-25(c)所示。

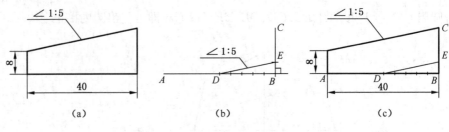

图 1-25 斜度的作图步骤

2）锥度（*C*）

锥度是指正圆锥的上下底圆直径差与圆锥高度之比，如图 1-26(a)所示，即：

$$锥度\ C = \frac{D-d}{L} = 2\tan\frac{\alpha}{2}$$

在机械图样中，锥度常以 1∶*n* 的形式标注。在比数前用锥度图形符号表示，锥度图形符号的画法如图 1-26(b)所示。锥度图形符号标注在与引出线相连的基准线上，基准线应与圆锥轴线平行，锥度图形符号方向应与锥度的方向一致，如图 1-26(c)所示。

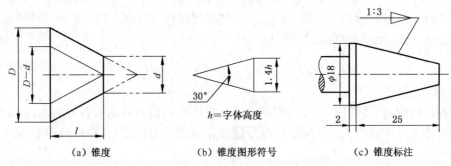

（a）锥度　　　　　　　（b）锥度图形符号　　　　　（c）锥度标注

图 1-26　锥度及斜度的标注

图 1-27 为锥度的作图步骤：

（1）已知锥度 1∶5，如图 1-27(a)所示。

（2）按尺寸先画出已知线段，在轴线上取 5 个单位长度，在 *AB* 中心量取 1 个单位长度，得锥度 1∶5 两条斜边 *CD*、*CE*，如图 1-27(b)所示。

（3）过 *A*、*B* 分别作 *CD*、*CE* 的平行线，即完成锥度绘制，如图 1-27(c)所示。

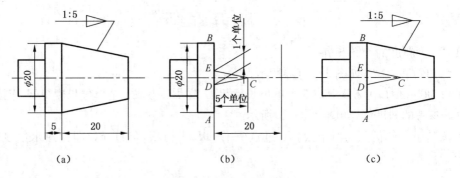

图 1-27　锥度的作图步骤

1.3.4 圆弧连接

圆弧连接就是用一段圆弧光滑地连接相邻两线段(直线或圆弧)。起连接作用的圆弧称为连接弧。圆弧连接在绘制机件平面轮廓图中经常使用,如图 1-28 所示为连杆的平面轮廓图。

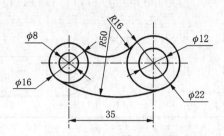

图 1-28 连杆平面轮廓图

为保证连接光滑,必须使连接弧与已知线段(直线或圆弧)相切。因此,作图时应准确地求出连接弧的圆心及切点。

1)圆弧连接的作图原理,如表 1-10 所示

首先求作连接圆弧的圆心,它应满足到两被连接线段的距离均为连接圆弧的半径的条件。

然后找出连接点,即连接圆弧与被连接线段的切点。

最后在两连接点之间画连接圆弧。

表 1-10 圆弧连接的作图原理

种类	图例	连接弧圆心轨迹	切点位置
与已知直线连接(相切)		与已知直线平行且间距等于 R 的一条平行线	自圆心向已知直线作垂线,其垂足 T 即为切点
与已知圆弧连接(外切)		为已知圆的同心圆,半径为 R_1+R	两圆心连线与已知圆的交点 T
与已知圆弧连接(内切)		已知圆的同心圆,半径为 R_1-R	两圆心连线的延长线与已知圆的交点 T

2）两直线间的圆弧连接，如表 1-11 所示

表 1-11　两直线间的圆弧连接

类别	用圆弧连接直角	用圆弧连接钝角或锐角
图例	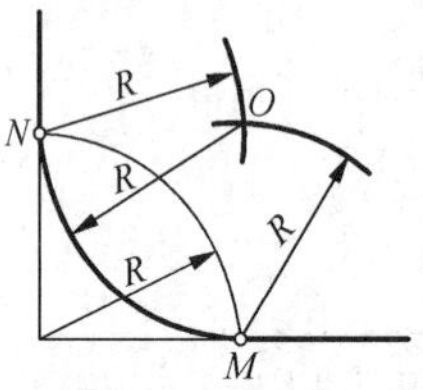	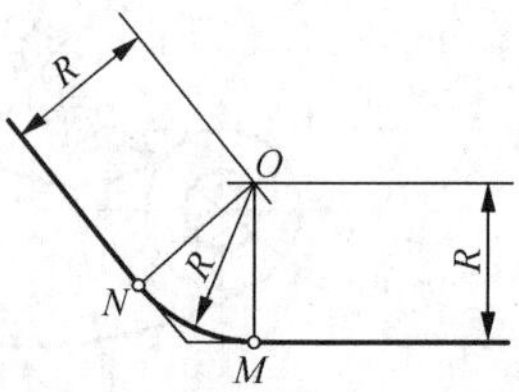 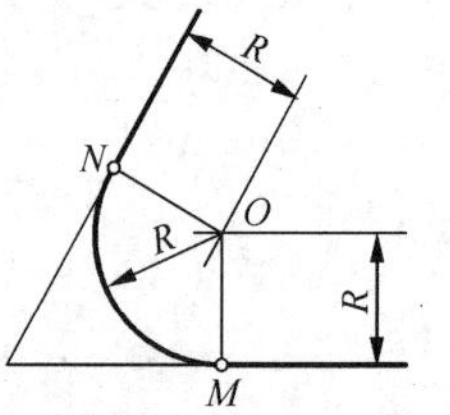

3）直线与圆弧、两圆弧之间的圆弧连接，如表 1-12 所示

表 1-12　直线与圆弧、两圆弧之间的圆弧连接

名称	已知条件	作图方法和步骤		
		求连接圆弧的圆心	求切点	画连接圆弧
直线与圆弧的连接	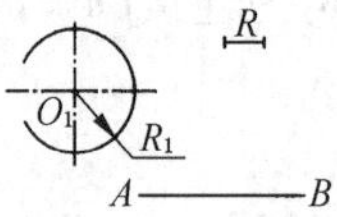	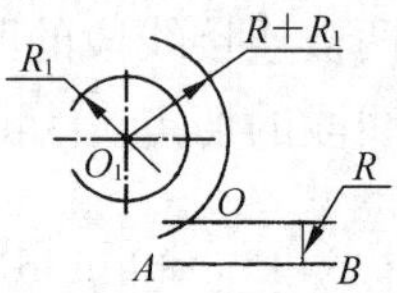	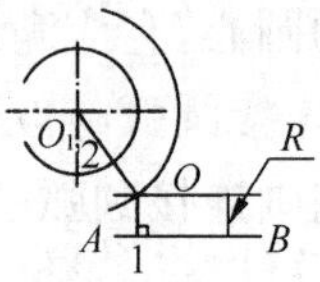	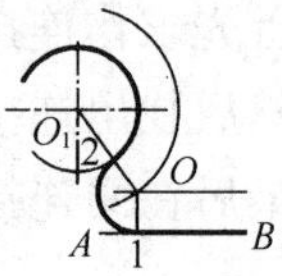
外连接	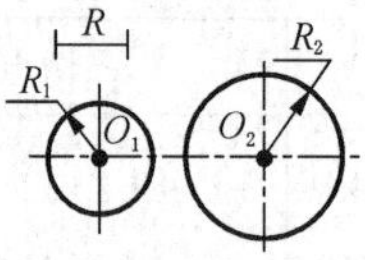	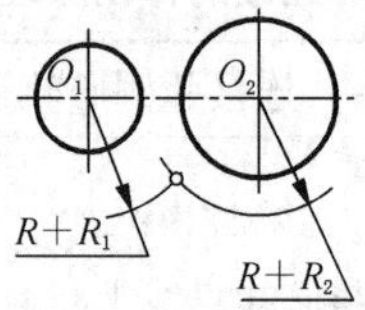	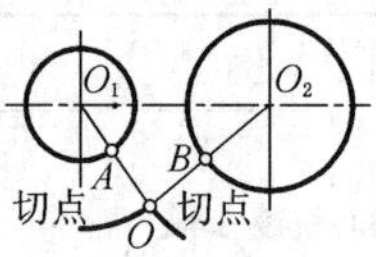	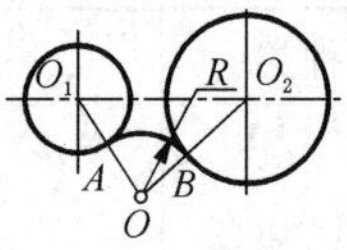
内连接	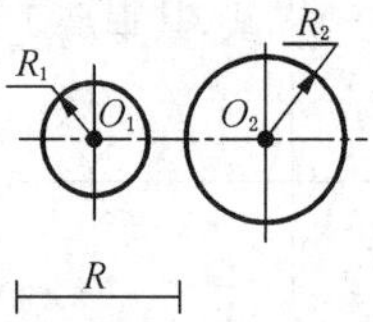	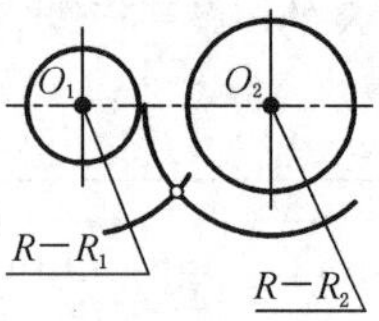	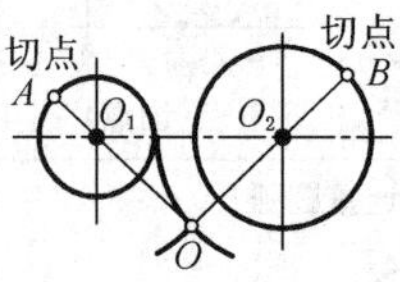	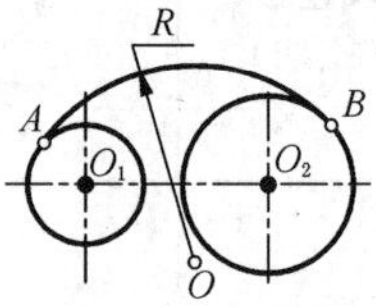
混合连接	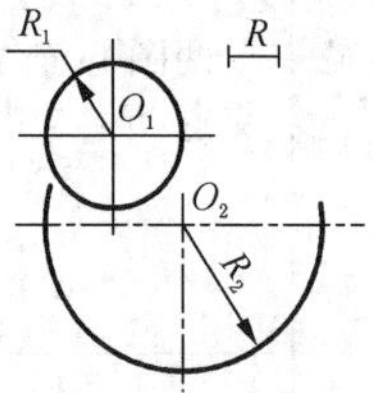	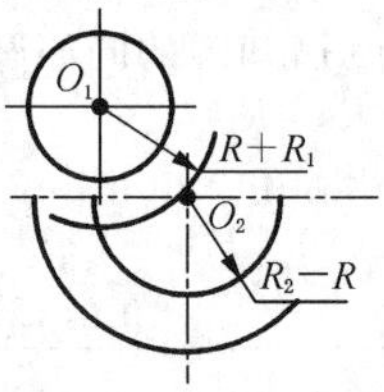	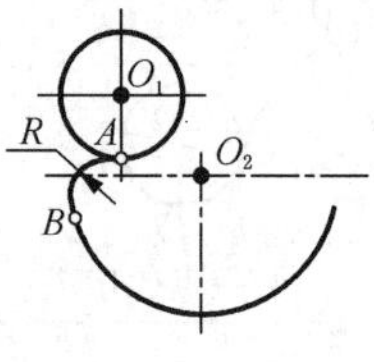	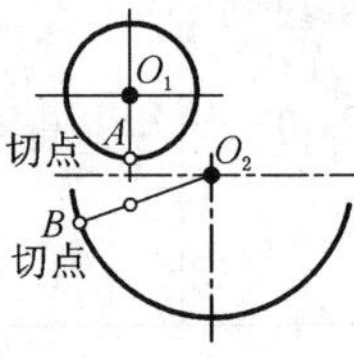

1.3.5　椭圆的近似画法

已知椭圆的长轴 AB 与短轴 CD，常采用四心圆弧法近似地绘制椭圆，如图 1-29 所示。

（1）连 AC，以 O 为圆心、OA 为半径画圆弧，交 CD 延长线于 E。

（2）以 C 为圆心、CE 为半径画圆弧，截 AC 于 E_1。

（3）作 AE_1 的中垂线，交长轴于 O_1，交短轴于 O_2，并找出 O_1 和 O_2 的对称点 O_3 和 O_4。

（4）把 O_1 与 O_2、O_2 与 O_3、O_3 与 O_4、O_4 与 O_1 分别连直线。

（5）以 O_1、O_3 为圆心，O_1A 为半径；O_2、O_4 为圆心，O_2C 为半径，分别画圆弧到连心线，K、K_1、N_1、N 为连接点即可。

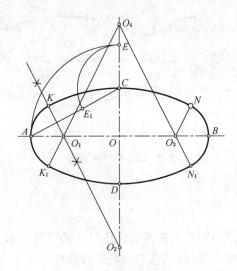

图 1-29 椭圆的画法

知识点 4 平面图形的画法

平面图形是由直线和曲线按照一定的几何关系绘制而成的，这些线段又必须根据给定的尺寸关系画出，所以就必须对图形中标注的尺寸进行分析。

1.4.1 尺寸分析

平面图形中的尺寸，按其作用可分为两类：定形尺寸和定位尺寸。

1）定形尺寸

平面图形中用于确定各线段形状大小的尺寸称为定形尺寸。如直线段的长度、圆及圆弧的半径（或直径）和角度大小等的尺寸。如图 1-30 所示中的 $R15$、$R12$、$R50$、$R10$ 等。

2）定位尺寸

平面图形中用于确定线段之间相对位置的尺寸称为定位尺寸。如确定圆或圆弧的圆心位置、直线段位置的尺寸等。如图 1-30 所示中的尺寸 8 是确定 $\phi5$ 的圆心位置尺寸。

有时同一个尺寸既是定形尺寸又是定位尺寸。如图 1-30 中的 75 既是手柄长度的定形尺寸，又是 $R10$ 的定位尺寸。

3）尺寸基准

标注尺寸的起点称为尺寸基准，简称基准。平面图形尺寸有水平和垂直两个方向（相当于坐标轴 x 方向和 y 方向），因此基准也必须从水平和垂直两个方向考虑。平面图形中尺寸基准是点或线。常用的点基准有圆心、球心、多边形中心点、角点等,线基准往往是图形的对称中心线或图形中的边线。如图 1-30 所示中对称线 A 为手柄的垂直方向尺寸基准,直线 B 为水平方向尺寸基准。

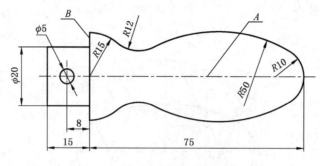

图 1-30　手柄平面图

1.4.2　线段分析

平面图形中的线段(直线或圆弧),根据其定位尺寸的完整与否,可分为已知线段、中间线段、连接线段三种。下面以图 1-30 中圆弧的性质进行分析。

1)已知线段

定形尺寸、定位尺寸全部已知的线段。如图 1-30 所示中的 R15、R10 等。

2)中间线段

只有定形尺寸和一个定位尺寸的线段。作图时必须根据该线段与相邻已知线段的几何关系,通过几何作图的方法求出。如图 1-30 所示中的 R50。

3)连接线段

只有定形尺寸没有定位尺寸的线段。其定位尺寸需根据与线段相邻的两线段的几何关系,通过几何作图的方法求出。如图 1-30 所示中的 R12。

在绘制平面图形时,先要进行线段分析,以确定各线段之间的连接关系。通常先画作图基准线和已知线段,其次画中间线段,最后画连接线段。

1.4.3　平面图形的绘图步骤

1)准备工作

(1)准备好绘图工具。

(2)分析图形中的尺寸、线段,拟定作图顺序。

(3)确定绘图比例、图幅,固定图纸。

2)绘制底稿

选用合适的铅笔,用细线按各种图线的线型规定轻而细地画出底稿。绘制底稿的步骤如表 1-13 所示。

3）描深加粗底稿

选用合适的铅笔将各种图线按规定的粗细加深。保证图线连接光滑,同类线型规格一致。描深加粗的顺序一般是:先曲后直,先粗后细,由上向下,由左向右,并尽量将同类型图线一起描深。

4）画箭头,填写尺寸数字、标题栏

5）校对并修饰全图,做到全面符合制图规范,图面清晰整洁

表 1-13 手柄平面轮廓图的作图步骤

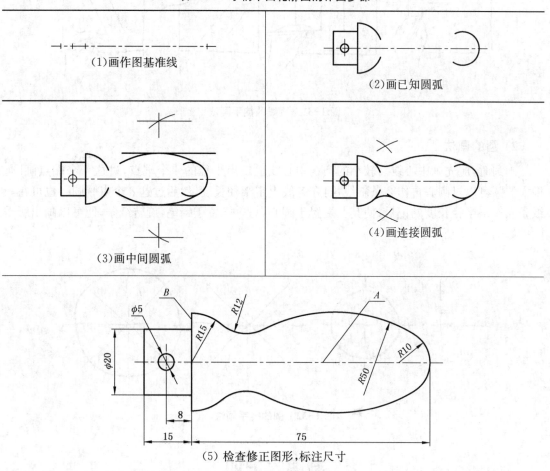

1.4.4 徒手绘图的基本方法

依靠目测来估计物体各部分的尺寸比例,徒手绘制的图样称为草图。在设计、测绘、修配机器时,都要绘制草图。草图是工程技术人员交流、记录、构思、创作的工具,是工程技术人员必须掌握的一项基本技能。

绘制草图的基本要求是:画线要稳,图线要清晰;目测尺寸要准,各部分比例要均匀;绘图速度要快。

1）直线的画法

画直线时，可先标出直线的两端点，在两点之间先画一些短线，再连成一条直线。运笔时手腕要灵活，目光应注视线的端点，不可只盯着笔尖。

画水平线应自左至右画出；垂直线自上而下画出；斜线斜度较大时可自左向右下或自右向左下画出，如图 1-31 所示。

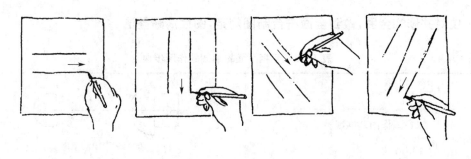

图 1-31　直线的徒手画法

2）圆的画法

画圆时，应先画中心线。较小的圆在中心线上定出半径的 4 个端点，过这 4 个端点画圆。稍大的圆可以过圆心再作 2 条斜线，再在各线上定半径长度，然后过这 8 个点画圆。也可在一纸条上作出半径长度的记号，使其一端置于圆心，另一端置于铅笔，旋转纸条，便可以画出所需圆。如图 1-32 所示。

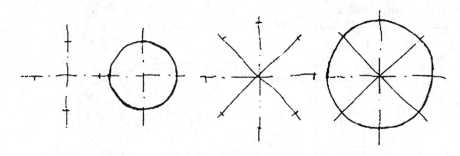

图 1-32　圆的徒手画法

制图大作业

任　　务：完成图示吊钩平面图形抄绘。

任务目的：(1) 掌握绘图仪器和工具的使用方法。

　　　　　(2) 掌握制图国家标准中有关图幅、比例、字体、图线和尺寸标注的运用。

　　　　　(3) 掌握平面图形的绘图方法。

任务要求：(1) 采用印刷 A4 图纸，比例自行确定。

　　　　　(2) 准备好必需的绘图仪器和工具。

　　　　　(3) 按照平面图形的绘图方法和步骤完成吊钩平面图形的绘制。

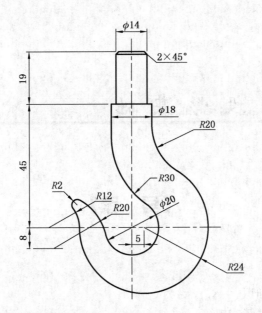

评分标准:(1) 标题栏填写正确,字体书写规范。

　　　　(2) 图线应用正确,线条流畅光滑,图形绘制、尺寸标注正确完整。

　　　　(3) 图样清洁,布图合理。

模块二

投影基础

【导读】

知识点

(1) 投影法的基本知识

(2) 三视图形成及其基本规律

(3) 点的投影

(4) 直线的投影

(5) 平面的投影

技能点

(1) 熟练掌握正投影法

(2) 掌握点的三面投影和投影规律

(3) 掌握直线的投影特性

(4) 熟练掌握直线在三投影面体系中的投影特性

(5) 掌握平面投影特性

(6) 熟练掌握平面在三面体系中的投影特性

教学重点

(1) 点的三面投影和投影规律

(2) 直线在三投影面体系中的投影特性

(3) 平面在三面体系中的投影特性

教学难点

(1) 直线在三投影面体系中的投影特性

(2) 平面在三面体系中的投影特性

考核任务

(1) 任务内容　绘制三视图

（2）目的要求　熟悉国家标准,掌握三视图绘图方法和步骤。

（3）仪器工具　三角板、圆规、图纸、铅笔。

（4）考核要求　用 A3 图纸,完成模块内容后面制图大作业,要求做到:图形表达正确,图线连接光滑,图面干净整洁,图形布置合理;绘图线型合格,书写字体工整,尺寸标注正确、完整,符合制图国家标准规定

知识点 1　投影法基础

2.1.1　投影法的基本概念

人们在自然现象中发现,当灯光或太阳光照射物体时,在地面或墙上都会产生与原物体相同或相似的影子,通过对这种投影现象进行科学的总结和抽象,找出物体与影子之间的集合关系,逐步形成了投影法。

所谓投影法,就是投射线通过物体,向选定的面投射,并在该面上得到图形的方法。根据投影法所得到的图形称为投影;投影时使用的平面称为投影面。

2.1.2　投影法的种类

投影法按投射线性质的不同可分为中心投影法和平行投影法。

1）中心投影法

投射线由投影中心的一点射出,通过物体在投影面获得的图形的方法,称为中心投影法,如图 2-1 所示。由于中心投影法不能反映物体的真实大小且度量性差,因此在机械图样中很少采用。

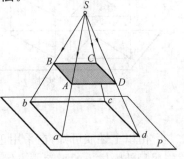

图 2-1　中心投影法

2）平行投影法

用平行的投射线进行投影的方法称为平行投影法,如图 2-2 所示。

在平行投影法中,根据投射方向是否垂直投影面,平行投影法又可分为以下两种:

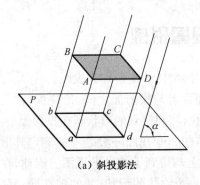

（a）斜投影法　　　　　　　　（b）正投影法

图 2-2　平行投影法

（1）斜投影法：投影方向（投射线）倾斜于投影面，称为斜投影法，简称斜投影，如图2-2（a）所示。

（2）正投影法：投影方向（投射线）垂直于投影面，称为正投影法，简称正投影，如图2-2（b）所示。

2.1.3　正投影的基本特性

1）真实性

直线或平面图形平行于投影面时，其投影反映线段的实长和平面图形的真实形状，如图2-3（a）所示。

2）积聚性

直线或平面图形垂直于投影面时，直线段的投影积聚成一点，平面图形的投影积聚成一条直线，如图 2-3（b）所示。

3）类似性

直线或平面图形倾斜于投影面时，直线段的投影仍然是直线段，但比实长短；平面图形的投影是原平面图形的类似平面图形，但投影图形面积小于原图形面积，如图 2-3（c）所示。

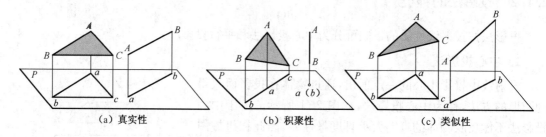

　　　（a）真实性　　　　　　　　（b）积聚性　　　　　　　　（c）类似性

图 2-3　正投影的基本特性

由以上性质可知，在采用正投影法画图时，为了反映物体的真实形状和大小及作图方便，应尽量使物体上的平面或直线对投影面处于平行或垂直的位置。

由于正投影法能完整、真实地表达物体的形状和大小，度量性好，而且作图简便，因此绘制机械图样主要采用正投影法。

知识点2　三视图形成

根据国家标准规定，机械图样按正投影法所绘制出物体的图形称为视图。

用正投影法绘制物体的视图时，是将物体置于观察者与投影面之间，始终保持"人→物体→投影面"的相对位置关系，以观察者的视线作投射线，将观察到的形状画在投影面上。

在使用正投影法进行投影时，我们经常发现物体的一个视图一般是不能确定其形状和结构的，如图2-4所示，三个不同的物体在同一投影面上却得到了相同的视图。因此，在机械图样中常采用三个及三个以上不同方向的投影来表示一个物体的形状，我们把在同一张图纸上绘制同一个物体的三个不同方向的投影所获得的视图称为三视图。

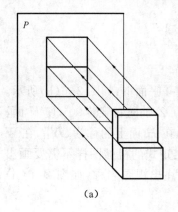 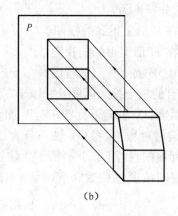 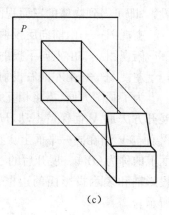

（a）　　　　　　　　　（b）　　　　　　　　　（c）

图 2-4　不同物体的相同的视图

2.2.1　投影面的建立

三面投影体系由三个相互垂直的投影面所组成,这三个投影面将空间分为八个分角,分别为第一分角、第二分角、第三分角⋯⋯如图 2-5(a)所示。国家标准规定,技术制图优先采用第一分角画法,如图 2-5(b)所示。第一分角画法的三个投影面分别为:

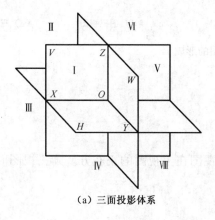 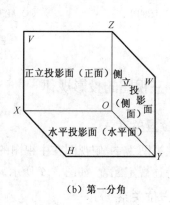

（a）三面投影体系　　　　　　　　　　　　（b）第一分角

图 2-5　三投影面体系

正立投影面,简称正面或 V 面;
水平投影面,简称水平面或 H 面;
侧立投影面,简称侧面或 W 面。
三个投影面之间的交线称为投影轴,分别用 OX、OY、OZ 表示:
OX 轴,是 V 面和 H 面的交线,它反映物体的长度方向;
OY 轴,是 H 面和 W 面的交线,它反映物体的宽度方向;
OZ 轴,是 V 面和 W 面的交线,它反映物体的高度方向。

2.2.2　三视图的形成

如图 2-6(a)所示,将物体置于三面投影体系中,按正投影法分别向 V 面、H 面、W 面进行

投影,即可得到物体的三面视图,分别称为:

主视图——由前向后投射,在 V 面上得到的视图。

俯视图——由上向下投射,在 H 面上得到的视图。

左视图——由左向右投射,在 W 面上得到的视图。

为了画图方便,需将相互垂直的三个投影面展开并摊平在同一平面上,如图 2-6(b)所示。展开方法是:V 面保持不动,H 面绕 OX 轴向下旋转 90°,W 面绕 OZ 轴向右旋转 90°,使 H 面、W 面与 V 面在同一平面上。在旋转过程中,将 OY 轴一分为二,在 H 面上的称为 OY_H,在 W 面上的称为 OY_W。展开后的三面视图,如图 2-6(c)所示。注意:正式的机械图样不需要画出投影轴和表示投影面的边框,视图按上述位置布置时,也不需注出视图名称,如图 2-6(d)所示。

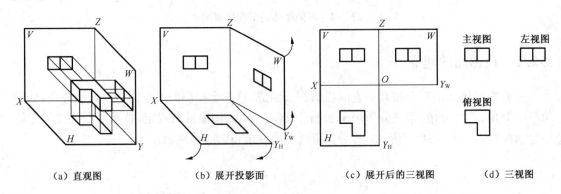

(a) 直观图   (b) 展开投影面   (c) 展开后的三视图   (d) 三视图

图 2-6　三视图的形成

2.2.3　三视图的投影规律

1) 位置关系

以主视图为主,俯视图在主视图的正下方,左视图在主视图的正右方。画三视图时,其位置应按上述规定配置,如图 2-7 所示。

2) 方位关系

所谓方位关系,指的是以绘图(或看图)者面对物体正面(前面)观察物体,物体的上、下、左、右、前、后六个方位在三视图中的对应关系,如图 2-7(b)所示。

主视图反映了物体的上、下和左、右;

俯视图反映了物体的前、后和左、右;

左视图反映了物体的前、后和上、下。

3) 三等关系

物体左右方向(X 方向)的尺度称为长,上下方向(Z 方向)的尺度称为高,前后方向(Y 方向)的尺度称为宽。在三视图上,主、俯视图的水平方向反映了物体的长度,主、左视图的垂直方向反映了物体的高度,俯视图的垂直方向和左视图的水平方向反映了物体的宽度,如图 2-7(c)所示。则三视图的三等关系如下:

主、俯视图长对正(等长);

主、左视图高平齐(等高)；

俯、左视图宽相等(等宽)。

上述关系简称"长对正,高平齐,宽相等"。

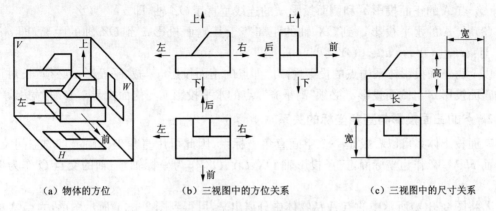

（a）物体的方位　　　　（b）三视图中的方位关系　　　　（c）三视图中的尺寸关系

图 2-7　三视图的投影关系

知识点3　点的投影

点是构成物体的最基本几何元素。本节将对点的投影作进一步分析,为掌握表达空间物体的方法奠定基础。

2.3.1　点的三面投影

1）点的投影规律

如图 2-8(a)所示,假设在空间物体上取一点 A,点 A 的三面投影就是由该点向三个投影面所作垂线的垂足。

空间点 A 在 H 面上的投影称为水平投影,用 a 表示；

空间点 A 在 V 面上的投影称为正面投影,用 a' 表示；

空间点 A 在 W 面上的投影称为侧面投影,用 a'' 表示。

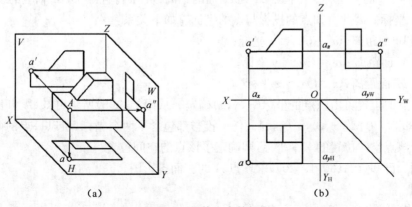

（a）　　　　　　　　　　　　　（b）

图 2-8　物体上点的投影

点的三面投影在视图上的位置如图 2-8(b)所示。从图中可以看出,点 A 三个投影之间的投影关系与三视图之间的三等关系是一致的,即:

(1) 点 A 的水平投影 a 和正面投影 a' 的连线垂直于 OX 轴,即 $aa' \perp OX$。

(2) 点 A 的正面投影 a' 和侧面投影 a'' 的连线垂直于 OZ 轴,即 $a'a'' \perp OZ$。

(3) 点 A 的水平投影 a 到 OX 轴的距离等于其侧面投影 a'' 到 OZ 轴的距离,即 $aa_x = a''a_z$,且 $aa_{yH} \perp OY_H$,$a''a_{yW} \perp OY_W$。

以上为三面投影体系中点的投影规律。即点的正面投影 a' 与水平投影 a 必须"长对正",点的正面投影 a' 与侧面投影 a'' 必须"高平齐",点的水平投影 a 与侧面投影 a'' 必须"宽相等"。

2) 点的三面投影与直角坐标的关系

三面投影体系可以看成是一个空间直角坐标系,因此可用直角坐标确定点的空间位置。投影面 H、V、W 作为坐标面,三条投影轴 OX、OY、OZ 作为坐标轴,三轴的交点 O 作为坐标原点。

若将图 2-8(a)所示中的点 A 从物体中分离出来,可得到图 2-9(a)所示图形,为点 A 的空间位置图,图 2-9(b)所示为点 A 的三面投影图。

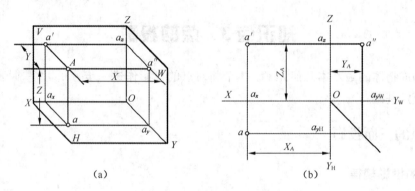

(a)　　　　　　　　　　　　　　　(b)

图 2-9　点的空间位置与三面投影图

如果将三面投影体系看作空间直角坐标系,则三个投影面即为坐标面,投影轴即为坐标轴,点 O 即为坐标原点。从图 2-9(a)所示可知,空间点 A 到 W 面的距离 Aa'' 平行且等于 OX 轴上的线段 Oa_x,等于点 A 的 x 坐标。空间点 A 到 V 面的距离 Aa' 平行且等于 OY 轴上的线段 Oa_y,等于点 A 的 y 坐标。空间点 A 到 H 面的距离 Aa 平行且等于 OZ 轴上的线段 Oa_z,等于点 A 的 z 坐标。因此可知点的投影与点的坐标有如下关系:

A 点到 W 面距离 $Aa'' = Oa_x = x$ 坐标;

A 点到 V 面距离 $Aa' = Oa_y = y$ 坐标;

A 点到 H 面距离 $Aa = Oa_z = z$ 坐标。

空间一点的位置可由该点的坐标 (x, y, z) 确定。从图 2-9(b)所示可知,A 点三面投影的坐标分别是 $a(x, y)$,$a'(x, z)$,$a''(y, z)$。任一投影都包含了两个坐标,所以一点的两面投影就包含了确定该点空间位置的三个坐标,即确定了该点的空间位置。

【例题】　已知点 $A(30, 10, 20)$,求作点 A 的三面投影图。

【作法】

(1) 作投影轴 OX、OY_H、OY_W、OZ。

（2）在 OX 轴上由点 O 向左量取 30，得 a_x 点，在 OY_H、OY_W 轴上由点 O 分别向下、向右量取 10，得出 a_{yH}、a_{yW} 点；在 OZ 轴上由 O 点向上量取 20，得出 a_z 点。

（3）过点 a_x 作 OX 轴的垂线，过点 a_{yH}、a_{yW} 分别作 OY_H、OY_W 轴的垂线，过点 a_z 作 OZ 轴的垂线，如图 2-10(a) 所示。

（4）各条垂线的交点 a、a'、a''，即为点 A 的三面投影图，如图 2-10(b) 所示。

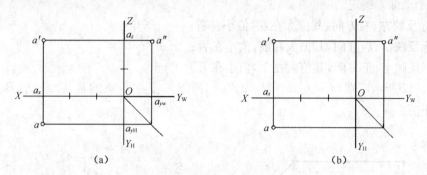

图 2-10 根据点的坐标作投影图

3）特殊位置点的投影

（1）在投影面上的点（有一个坐标为 0）

有两个投影在投影轴上，另一个投影和其空间点本身重合。例如在 V 面上的点 A，如图 2-11(a) 所示。

（2）在投影轴上的点（有两个坐标为 0）

有一个投影在原点上，另两个投影和其空间点本身重合。例如在 OZ 轴上的点 A，如图 2-11(b) 所示。

（3）在原点上的空间点（有三个坐标都为 0）

它的三个投影必定都在原点上。如图 2-11(c) 所示。

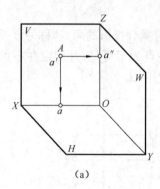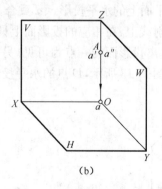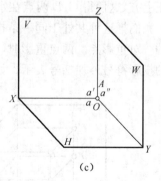

图 2-11 特殊位置点的投影

2.3.2 两点的相对位置

1）两点的相对位置

两点的相对位置是指空间两个点的上下、左右、前后关系，如图 2-12 所示。其相对位置由 X、Y、Z 三个坐标差确定。

X 坐标反映左、右方向，其值大在左，值小在右；

Y 坐标反映前、后方向，其值大在前，值小在后；

Z 坐标反映上、下方向，其值大在上，值小在下。

从图 2-12 所示可知，$a_x < b_x$，$a_y < b_y$，$a_z > b_z$，所以 A 点在 B 点的右、后、上方，B 点在 A 点的左、前、下方。

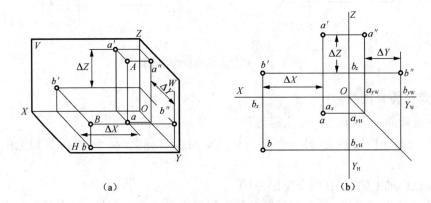

（a） （b）

图 2-12 两点的相对位置

2）重影点

如图 2-13 所示，C、D 两点的坐标关系是：$c_x = d_x$，$c_y = d_y$，$c_z > d_z$，由此可知，C 点在 D 点的正上方，这使得 C、D 两点在水平面上的水平投影 c、d 重合。

我们把这种共处于同一条投射线上，在相应的投影面上具有重合投影的两点，称为该投影面的一对重影点。两点重影时，远离投影面的一点为可见，另一点为不可见，并规定在不可见点的投影符号外加括号表示。如图 2-13 所示，D 点的水平投影用 (d) 表示。

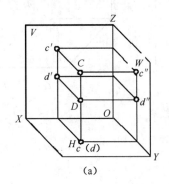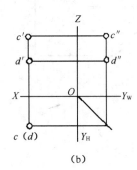

（a） （b）

图 2-13 重影点的投影

知识点4　直线的投影

2.4.1　直线的三面投影

空间一直线的投影可由直线上的两点(通常取线段两个端点)的同面投影来确定。如图 2-14(a)所示的直线 AB,求作它的三面投影图时,可分别作出 A、B 两端点的投影(a,a', a'')、(b,b',b''),如图 2-14(b)所示,然后将其同面投影连接起来即得直线 AB 的三面投影图($ab,a'b',a''b''$),如图 2-14(c)所示。

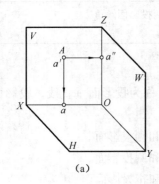 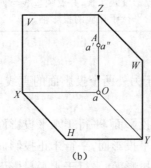 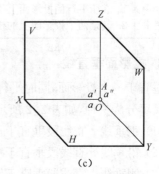

　　　　(a)　　　　　　　　　(b)　　　　　　　　　(c)

图 2-14　直线的三面投影图

2.4.2　各种位置直线的投影

根据空间直线对三个投影面的不同位置,可分为投影面平行线、投影面垂直线和一般位置直线三种。前两种直线也称为特殊位置直线。

1)投影面平行线

平行于一个投影面,同时倾斜于另外两个投影面的直线段称为投影面平行线。投影面平行线又可分为三种,如表 2-1 所示:

(1)正平线　直线段平行于正投影面,倾斜于水平投影面和侧投影面。

(2)水平线　直线段平行于水平投影面,倾斜于正投影面和侧投影面。

(3)侧平线　直线段平行于侧投影面,倾斜于正投影面和水平投影面。

表 2-1　投影面平行线的投影特性

名称	正平线	水平线	侧平线
轴测图			

续表 2-1

名称	正平线	水平线	侧平线
投影图	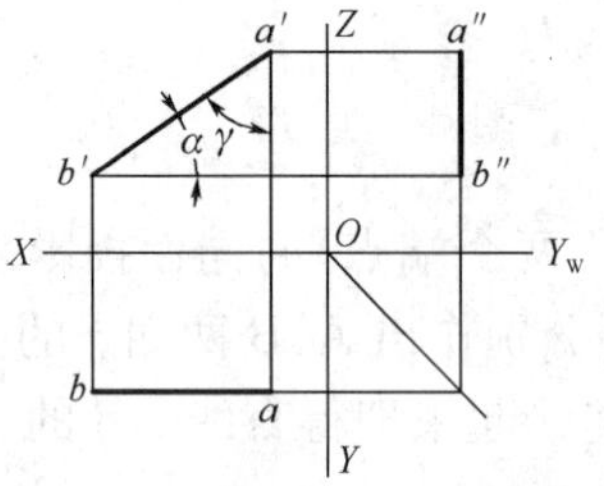	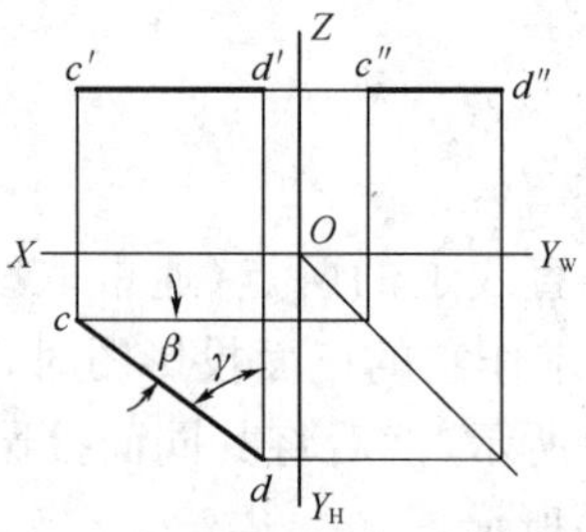	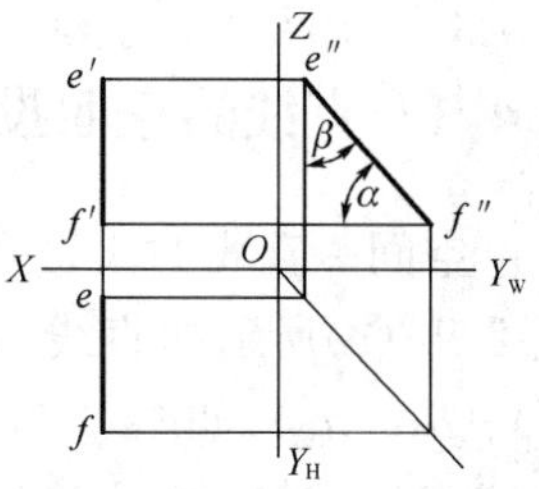
投影特性	1. 在所平行的投影面上的投影反映实长,并反映直线与另两投影面倾角。 2. 其余两个投影面上的投影平行于相应的投影轴。		

2）投影面垂直线

垂直于一个投影面,同时平行于另外两个投影面的直线段称为投影面垂直线。投影面垂直线又可分为三种,如表 2-2 所示。

（1）正垂线　直线段垂直于正投影面,平行于水平投影面和侧投影面。

（2）铅垂线　直线段垂直于水平投影面,平行于正投影面和侧投影面。

（3）侧垂线　直线段垂直于侧投影面,平行于水平投影面和正投影面。

表 2-2　投影面垂直线的投影特性

名称	正垂线	铅垂线	侧垂线
轴测图	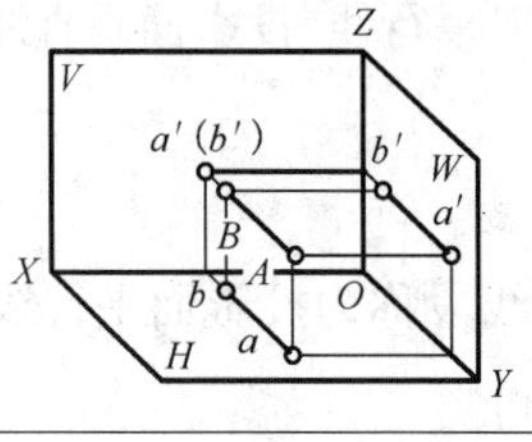	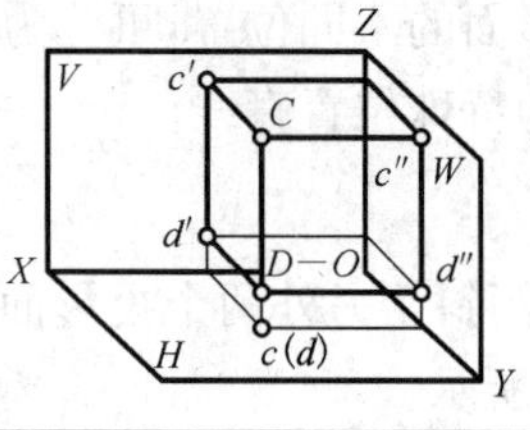	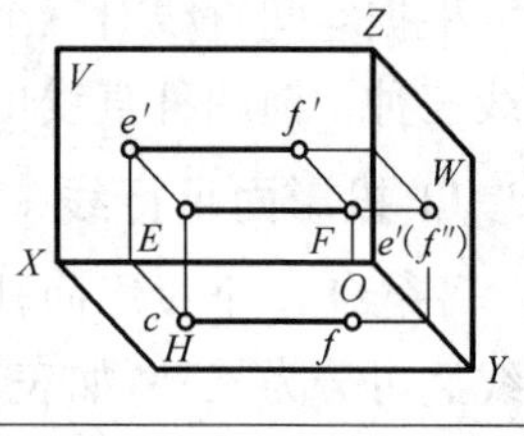
投影图	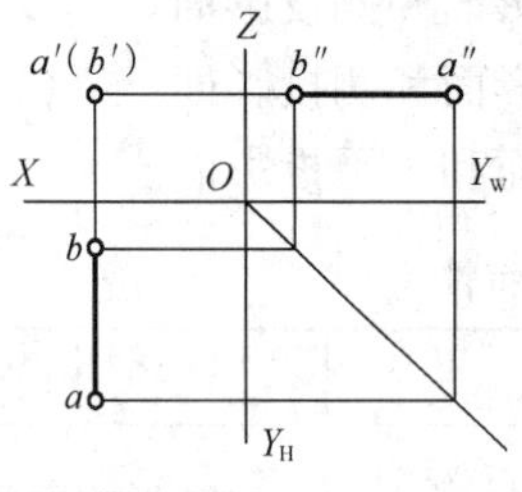	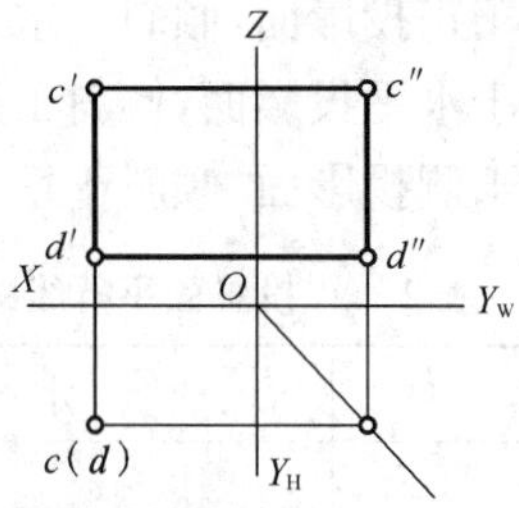	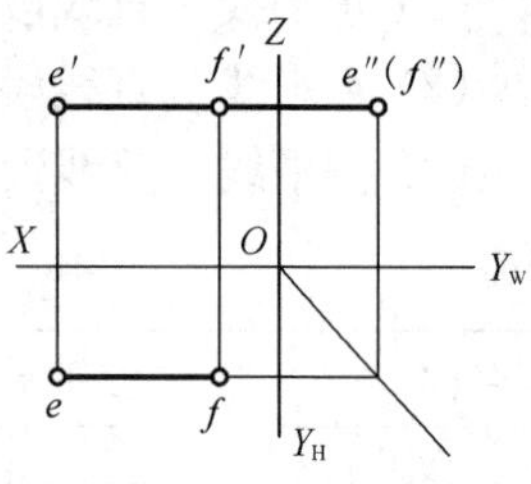
投影特性	1. 在所垂直的投影面上的投影有积聚性。 2. 其余两个投影面上的投影反映实长,且垂直于相应的投影轴。		

3）一般位置直线

对三个投影面均处于倾斜位置的直线段称为一般位置直线,直线与 H 面的夹角用 α 表示,与 V 面的夹角用 β 表示,与 W 面的夹角用 γ 表示,如图 2-15 所示。其投影特性为:

（1）一般位置直线的各面投影都与投影轴倾斜。

（2）一般位置直线的各面投影的长度均小于实长。

（3）三个投影均不能反映 α、β 和 γ 角实际大小。

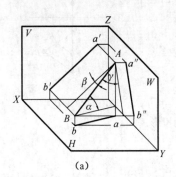 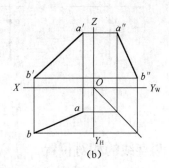

图 2-15 一般位置直线的投影

2.4.3 直线上的点

1）直线投影的从属性

空间点属于空间直线,则空间点的三面投影仍属于空间直线的三面投影,且符合点的投影规律,即长对正、高平齐、宽相等。如图 2-16 所示。如果点的三面投影中有一面投影不属于直线的同面投影,则该点必不属于该直线。

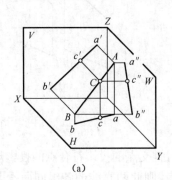 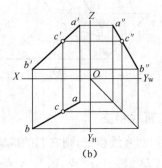

图 2-16 直线上点的投影

2）直线投影的定比性

直线上的点分割线段之比等于其投影之比,这称为直线投影的定比性。

在图 2-16 中,点 C 在线段 AB 上,它把线段 AB 分成 AC 和 CB 两段。根据直线投影的定比性,$AC:CB=ac:cb=a'c':c'b'=a''c'':c''b''$。

【例题】 如图 2-17(a),已知侧平线 AB 的两投影和直线上点 K 的正面投影 k',求 K 点的水平投影 k。

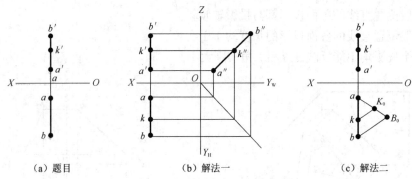

（a）题目　　　　　　　（b）解法一　　　　　　　（c）解法二

图 2-17　求直线上点的投影

2.4.4　两直线的相对位置

两直线的相对位置有平行、相交、交叉三种情况。

1）两直线平行

若空间两直线平行，则它们的各同面投影必定互相平行。由于 $AB /\!/ CD$，则必定 $ab /\!/ cd$、$a'b' /\!/ c'd'$、$a''b'' /\!/ c''d''$。反之，若两直线的各同面投影互相平行，则此两直线在空间也必定互相平行。如图 2-18 所示。

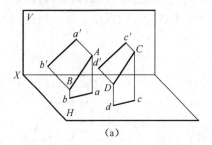
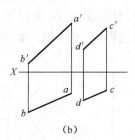

（a）　　　　　　　　　　　　（b）

图 2-18　两直线平行

2）两直线相交

若空间两直线相交，则它们的各同面投影必定相交，且交点的投影符合点的投影规律。两直线 AB、CD 相交于 K 点，因为 K 点是两直线的共有点，则此两直线的各组同面投影的交点 k、k'、k'' 必定是空间交点 K 的投影。反之，若两直线的各同面投影相交，且各组同面投影的交点符合点的投影规律，则此两直线在空间也必定相交。如图 2-19 所示。

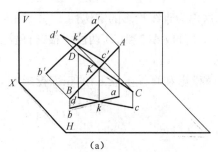
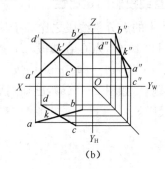

（a）　　　　　　　　　　　　（b）

图 2-19　两直线相交

3）两直线交叉

两直线既不平行又不相交,称为交叉两直线。

若空间两直线交叉,则它们的各组同面投影必不同时平行,或者它们的各同面投影虽然相交,但其交点不符合点的投影规律。反之亦然。如图2-20（a）所示。

判定重影点及其可见性。空间交叉两直线的投影的交点,实际上是空间两点的投影重合点。利用重影点和可见性,可以很方便地判别两直线在空间的位置。在图2-20（b）中,判断 AB 和 CD 的正面重影点 $k'(l')$ 的可见性时,由于 K、L 两点的水平投影 k 比 l 的 y 坐标值大,所以当从前往后看时,点 K 可见,点 L 不可见,由此可判定 AB 在 CD 的前方。同理,从上往下看时,点 M 可见,点 N 不可见,可判定 CD 在 AB 的上方。

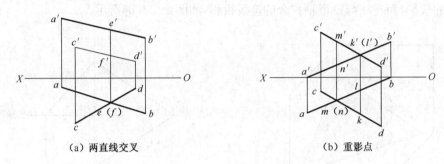

(a) 两直线交叉　　　　　　(b) 重影点

图 2-20　两直线交叉

知识点5　平面的投影

2.5.1　平面的表示法

在投影图上表示平面有两种方法。

1）几何元素的投影表示平面

（1）不在同一直线上的三点,如图 2-21（a）。

（2）一直线和直线外一点,如图 2-21（b）。

（3）相交两直线,如图 2-21（c）。

（4）平行两直线,如图 2-21（d）。

（5）任意平面图形,如三角形、四边形、圆形等,如图 2-21（e）。

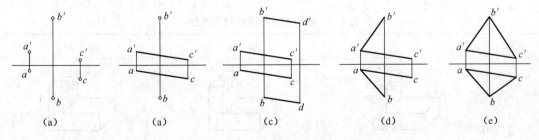

(a)　　　　(a)　　　　(c)　　　　(d)　　　　(e)

图 2-21　用几何元素表示平面

2）迹线表示法

迹线——空间平面与投影面的交线,如图 2-22(a)所示。

平面 P 与 H 面的交线称为水平迹线,用 P_H 表示。

平面 P 与 V 面的交线称为正面迹线,用 P_V 表示。

平面 P 与 W 面的交线称为侧面迹线,用 P_W 表示。

P_H、P_V、P_W 两两相交的交点 P_x、P_y、P_z 称为迹线集合点,它们分别位于 OX、OY、OZ 轴上。

由于迹线既是平面内的直线,又是投影面内的直线,所以迹线的一个投影与其本身重合,另两个投影与相应的投影轴重合。在用迹线表示平面时,为了简明起见,只画出并标注与迹线本身重合的投影,而省略与投影轴重合的迹线投影,如图 2-22(b)所示。

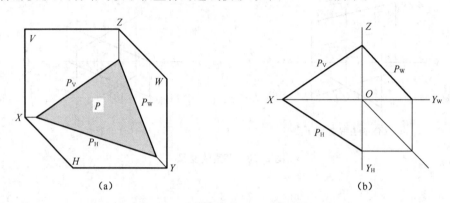

（a）　　　　　　　　　　　　　　　　（b）

图 2-22　用迹线表示平面

2.5.2　各种位置平面的投影

空间平面在三面投影体系中,根据对三个投影面的相对位置,可分为投影面平行面、投影面垂直面和一般位置平面三种。前两种平面也称为特殊位置平面。

1）投影面平行面

平行于一个投影面,垂直于另外两个投影面的平面,称为投影面平行面。投影面平行面又可分为三种,如表 2-3 所示。

（1）正平面　平面平行于正投影面,同时又垂直于水平投影面和侧投影面。

（2）水平面　平面平行于水平投影面,同时又垂直于正投影面和侧投影面。

（3）侧平面　平面平行于侧投影面,同时又垂直于正投影面和水平投影面。

表 2-3　投影面平行面的投影特性

名称	正平面	水平面	侧平面
实例			

续表 2-3

名称	正平面	水平面	侧平面
轴测图	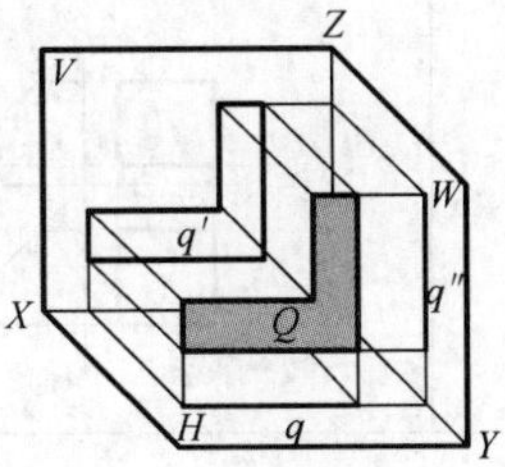	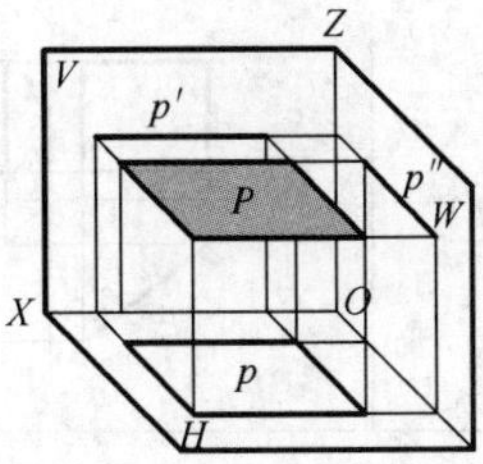	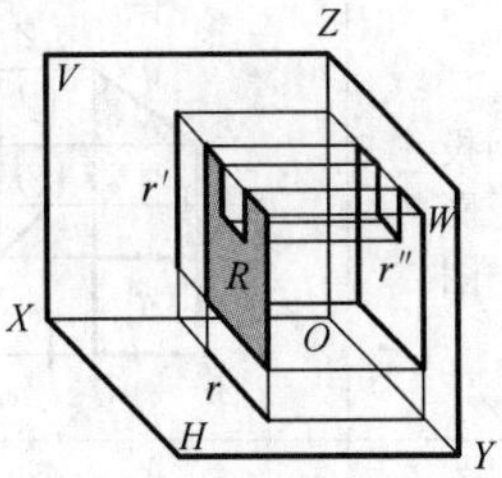
投影图	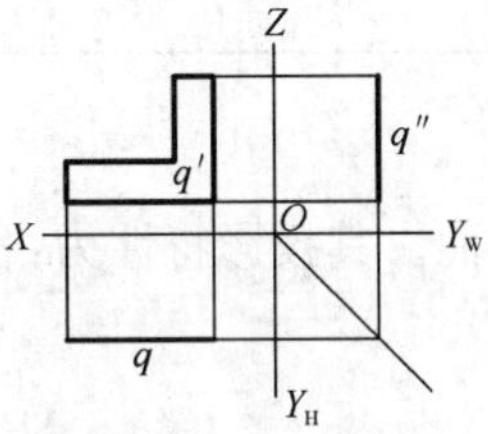	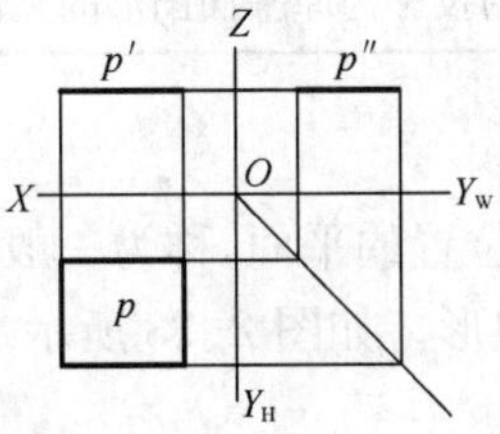	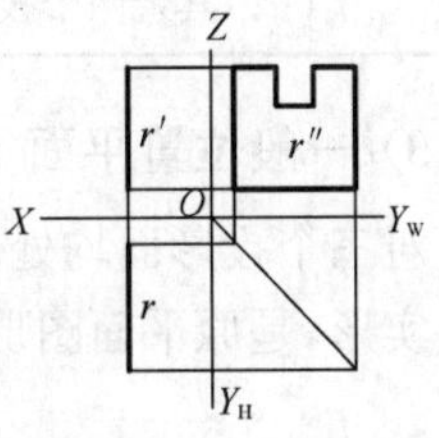
投影特性	1. 在所平行的投影面上的投影反映实形。 2. 其余两个投影面上的投影为积聚性的直线段,且平行于相应的投影轴。		

2) 投影面垂直面

垂直于一个投影面,倾斜于另外两个投影面的平面,称为投影面垂直面。投影面垂直面又可分为三种,如表 2-4 所示。

（1）正垂面　平面垂直于正投影面,同时又倾斜于水平投影面和侧投影面。

（2）铅垂面　平面垂直于水平投影面,同时又倾斜于正投影面和侧投影面。

（3）侧垂面　平面垂直于侧投影面,同时又倾斜于正投影面和水平投影面。

表 2-4　投影面垂直面的投影特性

名称	正垂面	铅垂面	侧垂面
实例		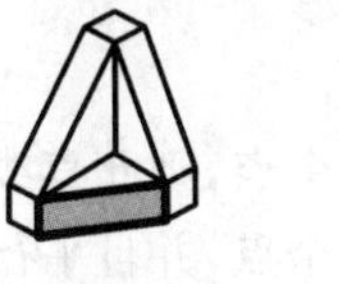	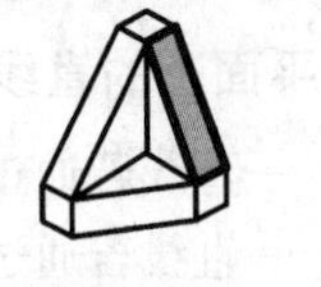
轴测图	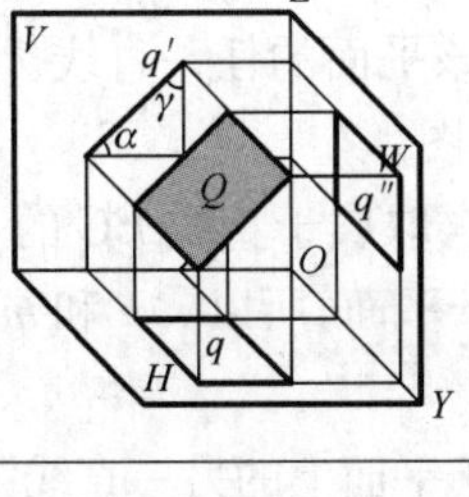	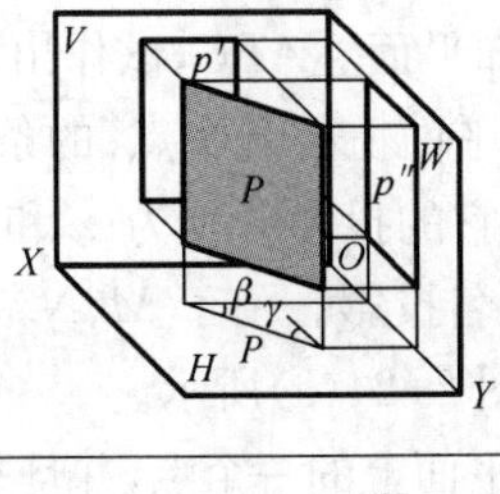	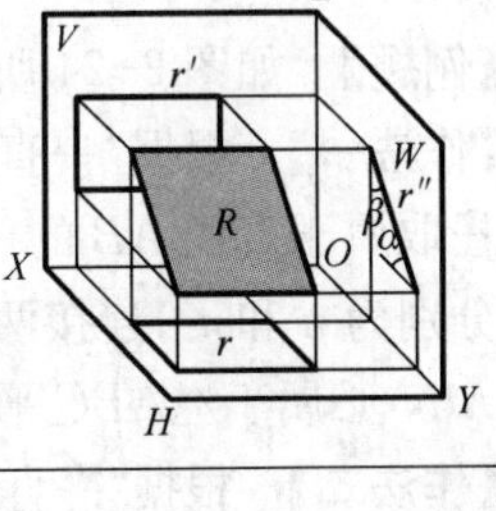

续表 2-4

名称	正垂面	铅垂面	侧垂面
投影图	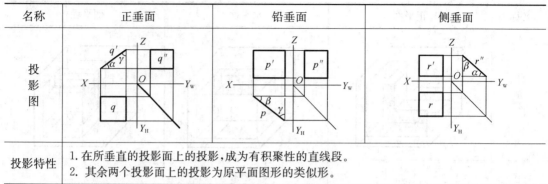		
投影特性	1. 在所垂直的投影面上的投影,成为有积聚性的直线段。 2. 其余两个投影面上的投影为原平面图形的类似形。		

3）一般位置平面

对三个投影面均处于倾斜位置的平面,称为一般位置平面。其投影特性为:各面投影都不反映实形,是原平面图形的类似形。如图 2-23 所示。

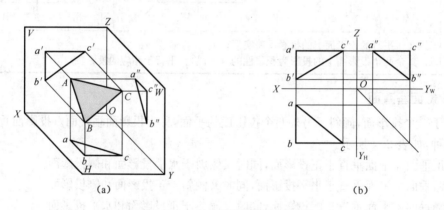

图 2-23 一般位置平面的投影特性

2.5.3 平面上的直线和点

1）平面上的直线

（1）一直线若通过平面上的两个点,则此直线必在该平面上。

（2）一直线若通过平面上的一个点,并且平行于平面上的一条直线,则此直线也必在该平面上。

【例题】 如图 2-24 所示,已知平面△ABC,试作出属于该平面的任一直线。

【作法一】 根据"一直线通过平面上的两个点"的条件作图。

任取属于直线 AB 的一点 M,它的投影分别为 m 和 m′;再取属于直线 BC 的一点 N,它的投影分别为 n 和 n′;连接两点的同名投影。由于 M、N 皆属于平面,所以 mn 和 m′n′ 所表示的直线 MN 必属于△ABC 平面,如图 2-24(a)所示。

【作法二】 根据"一直线通过平面上的一个点,并且平行于平面上的另一直线"的条件作图。

经过属于平面的任一点 M(m,m′),作直线 MD(md,m′d′)平行于已知直线 BC(bc,b′c′),则直线 MD 必属于△ABC。如图 2-24(b)所示。

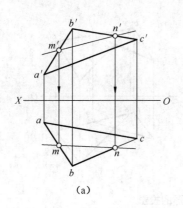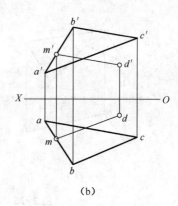

(a)　　　　　　　　　　　　　　(b)

图 2-24　作属于平面上的直线

2）平面上的点

如果点在平面内的任一直线上，则该点必在该平面上。由此可知：位于平面上点的各面投影，必在该平面上通过该点的直线的同名投影上。

因此，要在平面上取点，必须先在平面上作一辅助线，然后在辅助线的投影上取得点的投影，这种作图方法叫做辅助线法。

【例题】　已知△ABC上一点 K 的正面投影 k′，求作它的水平投影 k，如图 2-25(a)所示。

【作法一】　过点 k′在三角形上作辅助线，与 a′b′、a′c′交于 m′、n′两点，再由 m′、n′按点的投影规律在 ab、ac 上求得 m、n 两点并且连线，最后由 k′在 mn 上求得 k 点，如图 2-25(b)所示。

【作法二】　连接点 a′、k′与 b′c′交于 d′点，再由 d′点按点的投影规律在 bc 上求得 d 点，连接 ad，最后由 k′点在 ad 上求得 k 点，如图 2-25(c)所示。

若过 k′点作 a′b′的平行线为辅助线，解题所得结果是一样的，如图 2-25(d)所示。

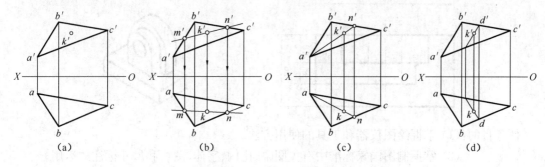

(a)　　　　　　　　(b)　　　　　　　　(c)　　　　　　　　(d)

图 2-25　在平面上作辅助线取点

【例题】　如图 2-26(a)所示，已知任意五边形 ABCDE 的正面投影和其中 AB、CD 两边的水平投影，且 AB∥CD，完成该五边形的水平投影。

【分析】　此五边形中两条边 AB 和 BC 的两面投影都已给出，实际上该平面已由相交两直线 AB 和 BC 所决定。只要根据在平面上的直线和点的投影性质，即可由已知投影补出其他投影。

【作法】　如图 2-26(b)箭头所示，作 cd∥ab，由 d′点得 d 点；再过 e′点作辅助线 AF(af、a′f′)，即可由 e′点得 e 点，连接起来就可以完成该五边形的水平投影。

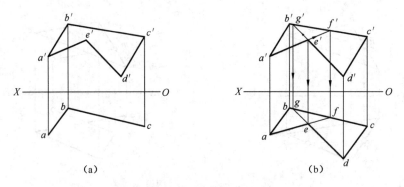

（a） （b）

图 2-26 补全任意五边形的投影

制图大作业

任　　务:完成图示三视图抄绘。

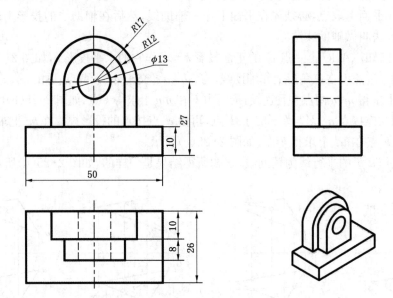

任务目的:(1) 掌握绘图仪器和工具的使用方法。

(2) 掌握制图国家标准中有关图幅、比例、字体、图线和尺寸标注的运用。

(3) 掌握三视图在图纸内的布置方法。

任务要求:(1) 采用印刷 A3 图纸,比例自行确定。

(2) 准备好必需的绘图仪器和工具。

(3) 按照平面图形的绘图方法和步骤完成三视图的绘制。

评分标准:(1) 标题栏填写正确,字体书写规范。

(2) 图线应用正确,线条流畅光滑,图形绘制、尺寸标注正确完整。

(3) 图样清洁,布图合理。

模块三

简单立体

【导 读】

→ 知 识 点

(1) 基本立体的投影

(2) 切割体的投影

(3) 相贯体的投影

→ 技 能 点

(1) 掌握基本立体的画图步骤及表面求点的方法

(2) 掌握截交线基本性质及截交线的画法

(3) 掌握相贯线基本性质及相贯线的画法

(4) 掌握简单立体尺寸标注

→ 教学重点

(1) 基本体表面求点

(2) 截交线基本性质

(3) 截交线的画法

(4) 相贯线基本性质

(5) 相贯线的画法

→ 教学难点

(1) 求画截交线的实质

(2) 相贯线的求画方法

→ 考核任务

(1) 任务内容　绘制简单立体三视图

(2) 目的要求　掌握简单立体三视图绘图方法和步骤

（3）仪器工具　三角板、圆规、图纸、铅笔

（4）考核要求　用 A3 图纸，完成模块内容后的制图大作业，要求做到图形表达正确，图线连接光滑，图面干净整洁，图形布置合理；绘图线型合格，书写字体工整，尺寸标注正确、完整，符合制图国家标准规定

知识点 1　平面体

基本几何体简称为基本体。基本体分为平面体和曲面体两类。构成基本体的表面全部为平面的基本几何体称为平面体，如棱柱、棱锥等。构成基本体的表面中含有曲面的基本几何体称为曲面体，如圆柱、圆锥、圆球和圆环等，具有公共回转轴线的曲面体又称为回转体。如图 3-1 所示。

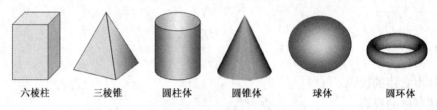

六棱柱　　三棱锥　　圆柱体　　圆锥体　　球体　　圆环体

图 3-1　基本体的类型

平面体可分为棱柱和棱锥两种。

平面体上相邻两表面的交线称为棱线，棱线与棱线的交线称为顶点。平面立体是由若干个平面围成的，而每个平面边线是由直线段组成的，每条线段都可以由其两端点（顶点）确定，所以绘制平面体的投影，可归结为绘制它的各表面（棱面）和各棱线的投影。

3.1.1　棱柱

1）六棱柱的三视图投影

图 3-2（a）所示为一个正六棱柱的投影。

分析：棱柱各表面所处的位置，顶面和底面为水平面；六个侧棱面中，前后棱面为正平面，其余均为铅垂面。

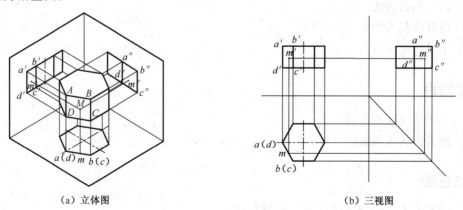

（a）立体图　　　　　　　　　　　　　　　　（b）三视图

图 3-2　正六棱柱的三视图

作图：先画顶面和底面的投影，它们为水平面，在俯视图上反映实形，其余两个投影积聚为直线；其次画侧棱线的投影，六条侧棱线均为铅垂线，俯视图积聚为正六边形的六个顶点，其余两个投影均为竖直线，且反映棱柱的高。

六棱柱的三视图如图3-2(b)所示。

2）棱柱表面上求点

在平面体表面上取点，与在平面上取点相同。由于棱柱的各表面均为特殊位置平面，因此可利用积聚性求点。棱柱表面上点的可见性应根据点所在平面的可见性来判别，若平面可见，则平面上点的同名投影为可见，反之为不可见。

【例题】 如图3-2所示，已知正六棱柱上一点M的正面投影m'，求m和m''。

【分析】 m'为可见点的投影，M点必处在六棱柱的左前棱面上。

【作图】 根据积聚性，按箭头方向在俯视图上求得m，再根据投影规律，如图中箭头所示，求得m''。

3.1.2 棱锥

1）三棱锥的三视图投影

如图3-3(a)所示为一正三棱锥的立体图，图中底面ABC平行于H面，其中AC边垂直于W面，侧面SAC为侧垂面，侧面SAB、SBC均为一般位置平面。

图3-3(b)所示为三棱锥的三视图。

俯视图外框是三角形，反映底面实形；外框内三个三角形，是三个侧面的投影，是侧面的类似三角形。

主视图为由两个相邻的三角形组成的三角形线框，大三角形是后侧面SAC的投影，两个相邻的三角形是侧面SAB、SBC的投影，均不反映实形；底面在主视图上积聚为一条横平线。

左视图是一个三角形线框，为侧面SAB和SBC的重合投影，前者可见，后者不可见，均不反映实形；侧面SAC积聚为一条斜线，底面积聚为一条横平线。

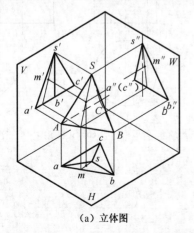

（a）立体图

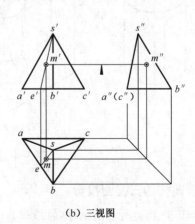

（b）三视图

图3-3 正三棱锥的三视图

2）三棱锥表面上求点

组成三棱锥的表面既有特殊位置平面，又有一般位置平面。如果点所在的表面为特殊位置平面，可根据积聚性直接求得；如果点所在表面为一般位置平面，则应过该点作一条通过该表面已知两点的一条直线作为辅助线，先作辅助线的投影，再在辅助线上找点的相应投影，这种方法称为辅助线法。

【例题】 如图 3-3(b)所示，已知 M 点的投影 m'，求投影 m 及投影 m''。

【分析】 因为投影 m' 为可见，所以 M 点处在左前的一般位置平面 SAB 上。

【作图】 过 m' 作一辅助线，连 s' 和 m'，并延长至底面棱线交于 k'，即得辅助线 SK 的正面投影 $s'k'$，再求出 SK 的水平投影 sk。根据投影规律，在 sk 上求得 M 点的水平投影 m；再依据高平齐、宽相等，由 m' 和 m 求得侧面投影 m''。因为 M 点在侧面 SAB 上，而 $s''a''b''$ 可见，则 m'' 也可见。

知识点 2　回转体

回转体是由回转面或回转面与平面所围成的立体。

常见的回转体有圆柱、圆锥、圆球、圆环等。回转面是由母线绕轴线旋转而成的。回转面上任一位置的母线称为素线。母线上任一点的运动轨迹皆为垂直于轴线的圆。画回转体的投影图时，仅画曲面上可见面和不可见面的分界线的投影，这种分界线称为转向轮廓线。

3.2.1　圆柱

如图 3-4 所示为一圆柱的立体图和投影图，它由顶面、底面和圆柱面所围成。圆柱面是由一直母线绕与之平行的轴线旋转而成的。

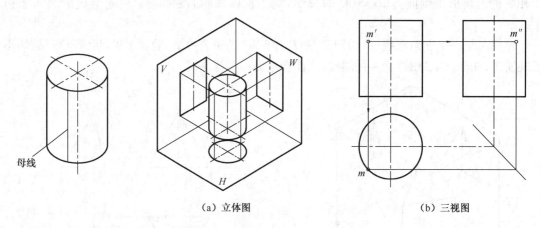

（a）立体图　　　　　　　　　　　　　（b）三视图

图 3-4　圆柱的投影及其表面取点

1）圆柱的三视图投影

如图 3-4(a)所示的圆柱，轴线垂直于 H 面。

顶面、底面皆为水平面，俯视图反映实形（圆），其他两个投影积聚为直线。由于圆柱上所有素线都垂直于 H 面，所以圆柱面的 H 面投影积聚在圆上。

主视图为矩形线框,矩形的两条竖线分别是最左、最右素线的投影。圆柱面最左、最右素线是前、后两半圆柱面可见与不可见的分界线,称为圆柱面正面投影的转向轮廓线。

左视图也为矩形线框,矩形的两条竖线分别是最前、最后素线的投影。圆柱面最前、最后素线是左、右两半圆柱面可见与不可见的分界线,称为圆柱面侧立面投影的转向轮廓线。

当转向轮廓线的投影与中心线重合时,只画中心线。

2)圆柱表面上求点

对轴线处于特殊位置的圆柱,可利用其积聚性求点;对位于转向轮廓线上的点则可直接利用投影关系求出。

【例题】 如图 3-4(b)所示,已知点 M 的正面投影 m',求投影 m 和投影 m''。

【分析】 m' 是位于主视图左方一个可见点的投影,则 M 点必在前半个圆柱面的左半部上。

【作图】 根据积聚性,如图中箭头所示直接求得水平投影 m。再根据投影规律,由 m' 和 m 如箭头所示求得 m''。因 M 点在圆柱面的左半部,则点 m'' 可见。

3.2.4 圆锥

1)圆锥的三视图投影

如图 3-5 所示为圆锥的投影图,图中圆锥的轴线垂直于 H 面,底面为水平面。

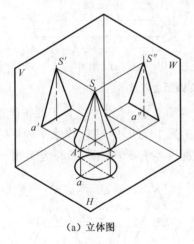

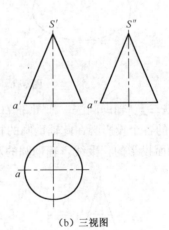

(a)立体图   (b)三视图

图 3-5 圆锥

如图 3-5(b)所示为圆锥的三视图。

俯视图为一个圆,它是底面的投影并反映实形;因为圆锥面上所有素线都倾斜于水平面,所以这个圆也是圆锥表面的投影。圆锥的底面在下面为不可见,圆锥的表面在上面为可见。

主视图和左视图是两个全等的等腰三角形,底边是圆锥底面的积聚投影,另两侧边是圆锥面转向轮廓线的投影。主视图上的两侧边是圆锥面上最左、最右两条素线的投影,它把圆锥面分成前、后两个部分,前半面可见,后半面不可见。左视图上的两侧边是圆锥面上最前、最后素线的投影,它把圆锥面分成左、右两部分,左半面可见,右半面不可见。

2）圆锥表面上求点

圆锥表面上求点方法有两种,一种方法叫辅助线法,另一种方法叫辅助圆法。

【例题】 如图 3-6 和图 3-7 所示,已知圆锥表面上 M 的正面投影 m',求作点 M 的其余两个投影。

【分析】 因为 m' 可见,所以 M 必在前半个圆锥面的左边,故可判定点 M 的另两面投影均为可见。

【作法一】 辅助线法 如图 3-6(a)所示,过锥顶 S 和 M 作一辅助直线与底面交于点 A。点 M 的各个投影必在辅助直线 SA 的相应投影上。在图 3-6(b)中过 m' 作 $s'a'$,然后求出其水平投影 sa。由于点 M 属于直线 SA,根据点在直线上的从属性质可知 m 必在 sa 上,求出水平投影 m,再根据 m、m' 可求出 m''。

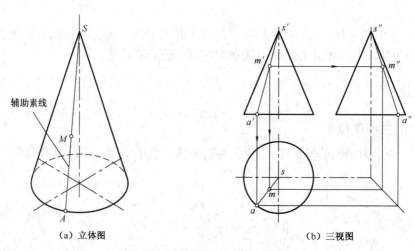

（a）立体图　　　　　　　　　　　　　　（b）三视图

图 3-6 用辅助线法在圆锥面上取点

【作法二】 辅助圆法 如图 3-7(a)所示,过圆锥面上点 M 作一垂直于圆锥轴线的辅助圆,点 M 的各个投影必在此辅助圆的相应投影上。在图 3-7(b)中过 m' 作水平线 $a'b'$,此为辅助圆的正面投影的积聚线。辅助圆的水平投影为一直径等于 $a'b'$ 的圆,圆心为 s,由 m' 向下引

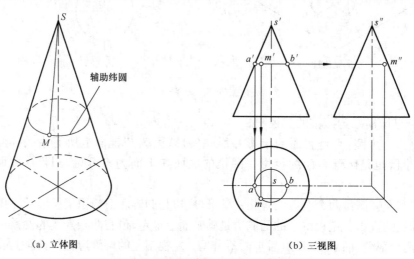

（a）立体图　　　　　　　　　　　　　　（b）三视图

图 3-7 用辅助圆法在圆锥面上取点

垂线与此圆相交，且根据点 M 的可见性，即可求出 m。然后再由 m' 和 m 可求出 m''。

3.2.5 圆球

圆球是由一圆母线绕其直径旋转而成。

1）圆球的三视图投影

球的三个投影均为等直径的圆。俯视图的圆是球体上下转向轮廓线的投影；主视图的圆是球体前后转向轮廓线的投影；左视图的圆是球体左右转向轮廓线的投影。如图 3-8 所示。

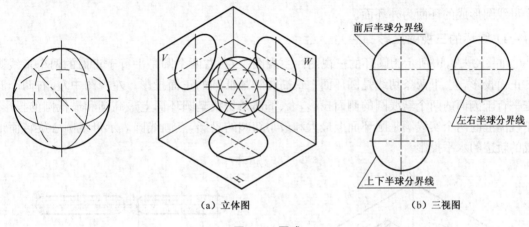

（a）立体图　　　　　　（b）三视图

图 3-8　圆球

2）圆球表面上求点

由于球面的三个投影均无积聚性，除位于转向轮廓线上的点能依据点的投影规律直接求出外，其余都需用辅助圆法来求解。

【例题】　如图 3-9 所示，已知球面上点 M 的水平投影 m，求其余两面投影 m' 和 m''。

【分析】　图中 m 为可见点的投影，则 M 点位于上半球面的左前方。

【作图】　以球心 O 为圆心、以 OM 为半径作一个辅助圆，该辅助圆与球面的交线为正平面圆，即平行于 V 面，该圆就是要求作的过点 M 的辅助圆，V 面投影反映该圆的实形，水平投影积聚为一条直线。

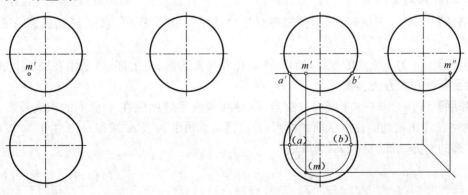

图 3-9　圆球表面求点

三视图中,过 m 点作平行于 X 轴的横平线,交圆的轮廓线于 a、b 两点,以线段 ab 的长度为直径在主视图上作圆,该圆就是要求作的过点 M 的辅助圆,主视图反映该圆的实形,俯视图积聚为一条直线。将 m 点投影在该辅助圆上求得 m',再由 m 和 m' 求得 m''。M 点在左前半球,所以 m'、m'' 均可见。

3.2.6 圆环

圆环的表面是由环面围成,环面是由一圆母线(素线圆)绕不过圆心但在同一平面上的轴线回转而成,如图 3-10(a)所示。靠近轴线的半个母线圆形成的环面为内环面,远离轴线的半个母线圆形成的环面为外环面。

1)圆环的三视图投影

如图 3-10(b)所示为圆环的三视图。主视图中左、右两个圆是平行于正面的两个素线圆的正面投影,上、下两条切线是圆环面上最高圆和最低圆的正面投影。左视图中左、右两个圆是平行于侧面的两个素线圆的侧面投影,上、下两条切线是圆环面上最高圆和最低圆的投影。俯视图上的两个实线圆是圆环面上最大和最小纬圆的投影,点画线圆表示母线圆心旋转而形成的轨迹的水平投影。

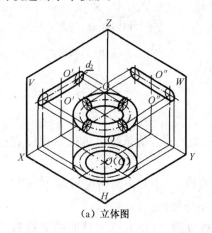
(a)立体图

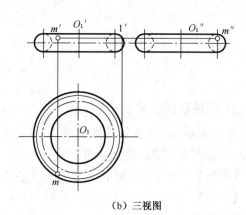
(b)三视图

图 3-10 圆环

2)圆环表面上求点

【例题】 如图 3-10(b)所示,已知环面上 M 点的 V 面投影 m',求作 H 面投影 m 及 W 面投影 m''。

【分析】 m' 为可见点的投影,所以 M 点在外环面的前、左上部,可采用在环面上过 M 点作一水平辅助圆的方法求解。

【作图】 过 m' 作一水平线得一交点 $1'$,该线为水平辅助圆在 V 面上的积聚投影。再以 $O_1'1'$ 为半径作出辅助圆在水平面的投影,并求得 m。再由 m 及 m' 求得 m''。由于 M 点在外环面上半部的左方,所以 m 及 m'' 均可见。

知识点 3 截交线

立体被平面截断后分成两部分,每部分均称为截断体。用来截断立体的平面称为截平面。截平面与立体表面的交线称为截交线。由交线围成的平面图形称为截断面。如图 3-11 所示。

截交线的性质:

(1) 截交线一定是闭合的平面图形。

(2) 截交线是截平面和基本体表面的共有线。截交线上的点都是截平面与基本体表面上的共有点。

求作截交线的实质,就是求出截平面与基本体表面的共有点。即利用在立体表面上求作点的方法,作出截交线上的若干点后再连接各点。

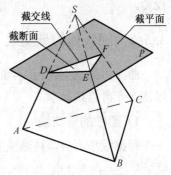

图 3-11 截交线

3.3.1 平面立体的截交线

平面体的表面是平面图形,因此平面体的截交线一定是一个封闭的平面多边形,多边形的各顶点是截平面与被截棱线的交点,即立体被截断几条棱,那么截交线就是几边形。求截平面与立体上被截各棱的交点或截平面与立体表面的交线,然后依次连接而得。

【例题】 如图 3-12(a)所示,求作正垂面 P 斜切正四棱锥的截交线。

【分析】 截平面与棱锥的四条棱线相交,可判定截交线是四边形,其四个顶点分别是四条棱线与截平面的交点。因此,只要求出截交线的四个顶点在各投影面上的投影,然后依次连接顶点的同名投影,即得截交线的投影。

【作图】

(1) 画出完整的四棱锥的三视图。

(2) 在主视图作一直线(正垂面 P 的投影)交四棱锥的棱边于 $a'(d')$、$b'(c')$。

(3) 根据点的投影规律,分别在俯视图、左视图找到 a、b、c、d、a''、b''、c''、d''。

(4) 依次连接俯视图的点 a、b、c、d 以及左视图的 a''、b''、c''、d'',即得四棱锥与截平面的截

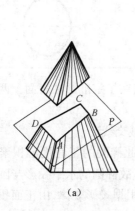

(a)

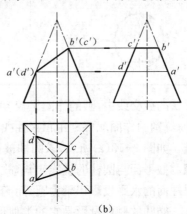

(b)

图 3-12 四棱锥的截交线

交线在俯视图和左视图的投影。

（5）擦去多余的图线，描深，完成作图。

当用两个以上平面截切平面体时，在基本体上会出现切口、凹槽或穿孔等。作图时，只要作出各个截平面与平面体的截交线，并画出各截平面之间的交线，就可作出这些平面体的投影。

3.3.2 回转体的截交线

曲面体的截交线，其实质就是求截平面与曲面体表面共有点的投影，然后把各点的同名投影依次光滑连接起来。

1）圆柱的截交线

根据截平面与圆柱轴线的相对位置不同，圆柱截交线有三种形状，如表 3-1 所示。

表 3-1 圆柱的截交线

截面位置	平行于轴线	垂直于轴线	倾斜于轴线
轴测图	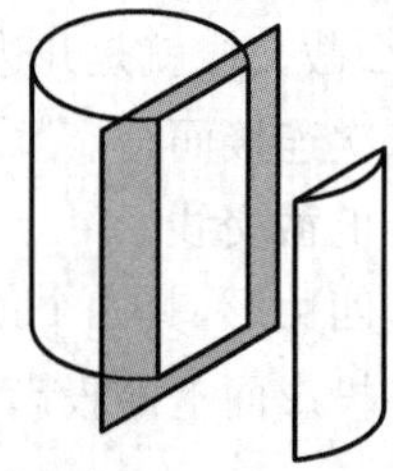	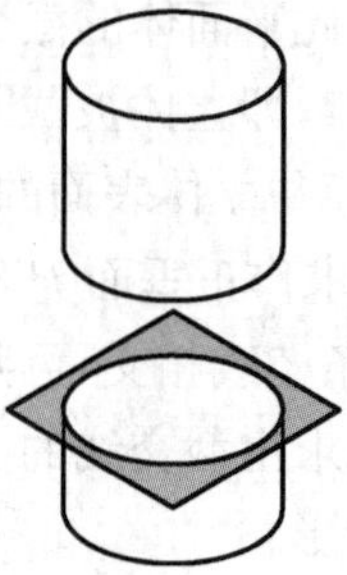	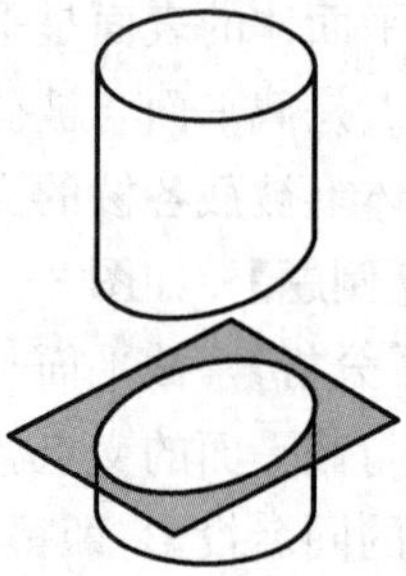
投影图	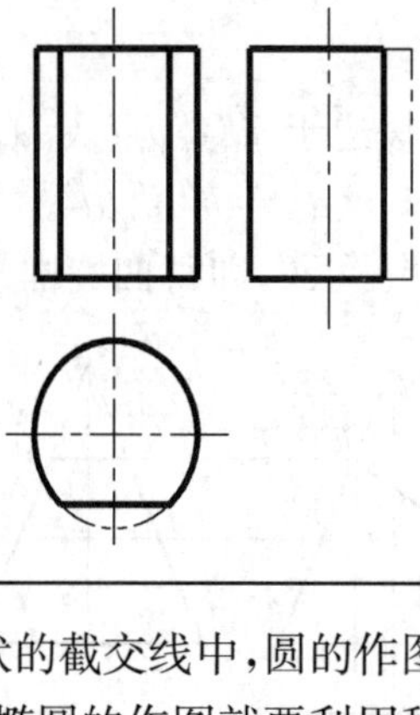	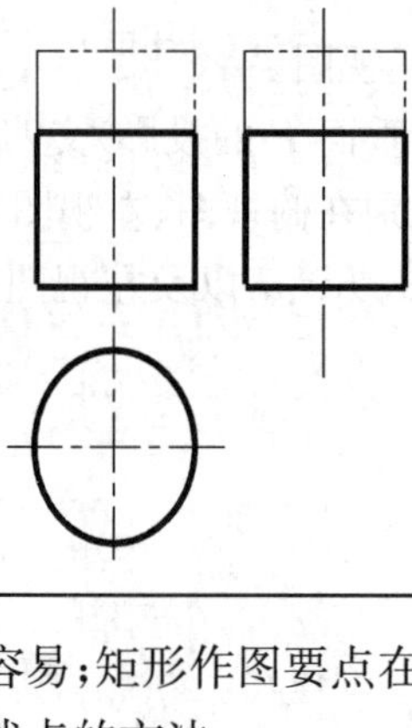	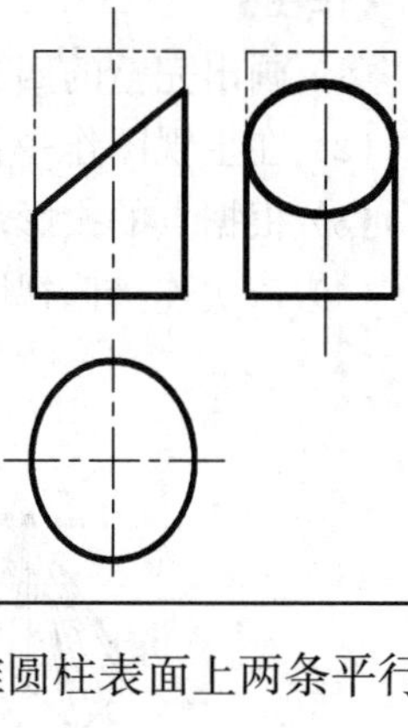

三种形状的截交线中，圆的作图比较容易；矩形作图要点在于定准圆柱表面上两条平行素线的位置；而椭圆的作图就要利用积聚性找点的方法。

【例题】 如图 3-13（a）所示，求圆柱被正垂面截切后的截交线。

【分析】 截平面与圆柱的轴线倾斜，故截交线为椭圆。此椭圆的正面投影积聚为一条直线。由于圆柱面的水平投影积聚为圆，而椭圆位于圆柱面上，故椭圆的水平投影与圆柱面的水平投影重合。椭圆的侧面投影是它的类似形，仍为椭圆。可根据投影规律，由正面投影和水平投影求出侧面投影。

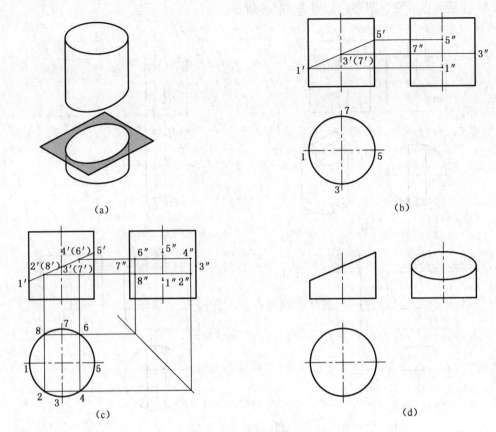

图 3-13　圆柱的截交线

【作图】

（1）绘制圆柱完整的三视图投影。如图 3-13(b)所示。

（2）求特殊位置点。在正面投影上取最前、最后 3′、7″及最左、最右 1′、5″四个点，并利用积聚性找到其水平投影 1、3、5、7，再根据点的投影规律求出其侧面投影 1″、3″、5″、7″。如图 3-13(b)所示。

（3）求一般位置点。在正面投影上取 2′、4′、6′、8′四个一般点，并利用积聚性找到其水平投影 2、4、6、8，再根据点的投影规律求出其侧面投影 2″、4″、6″、8″。如图 3-13(c)所示。

（4）光滑连接各点并完善图形。如图 3-13(d)所示。

【例题】　如图 3-14(a)所示，完成被截切圆柱的正面投影和水平投影。

【分析】　该圆柱左端的开槽是由两个平行于圆柱轴线的对称的正平面和一个垂直于轴线的侧平面切割而成。圆柱右端的切口是由两个平行于圆柱轴线的水平面和两个侧平面切割而成。

【作图】

（1）由积聚性作左端侧平面与圆柱面的交线 AB 及 CD 的侧面投影 a″b″ 与 c″d″，再根据点的投影规律求出其正面投影 a′b′ 及 c′d′。如图 3-14(b)所示。

（2）由积聚性作右端水平面与圆柱面的交线 EF 及 HG 的侧面投影 e″(f″) 与 (g″)h″，再根据点的投影规律求出其水平面投影 ef 及 gh。如图 3-14(c)所示。

（3）连接各点并完善图形。如图 3-14(d)所示。

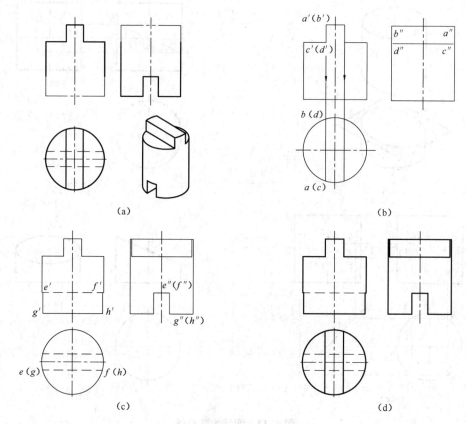

图 3-14　补全带切口圆柱的投影

2）圆锥的截交线

根据截平面与圆锥轴线的相对位置不同，圆锥截交线有五种形状，如表 3-2 所示。

表 3-2　圆锥的截交线

截平面位置	垂直于轴线	倾斜于轴线	平行于轴线	平行于素线	过锥顶
轴测图					
投影图					

续表 3-2

截平面位置	垂直于轴线	倾斜于轴线	平行于轴线	平行于素线	过锥顶
截交线形状	圆	椭圆	抛物线	双曲线	等腰三角形

在圆锥的五种不同形状的截交线中，三角形和圆的作图比较容易。椭圆、双曲线和抛物线的作图方法类似，即通过辅助线或辅助平面法求出曲线上的若干点后再光滑连接而成。

【例题】　如图 3-15(a)、(b)所示，完成切割圆锥的俯视图和左视图。

【分析】　两截平面中一个过锥顶截切圆锥，截交线为两条相交直线。另一截平面与圆锥轴线垂直，在圆锥表面上切出部分圆。

【作图】

(1) 作出过锥顶的界面与圆锥的交线的水平投影和侧面投影。如图 3-15(c)所示。

(2) 在水平面上作出水平截面与圆锥的截交圆。如图 4-15(d)所示。其与上述交线的交点连线即为两截平面的交线。

(3) 根据点的投影规律求出交线的侧面投影。如图 3-15(e)所示。

(4) 擦处多余图线，完善图形。如图 3-15(f)所示。

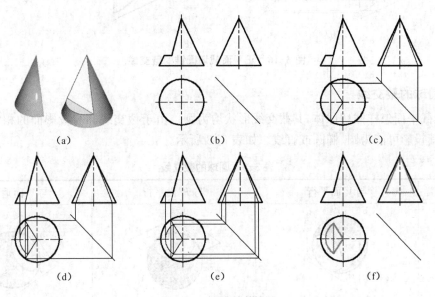

(a)　　　　(b)　　　　(c)

(d)　　　　(e)　　　　(f)

图 3-15　圆锥的截交线

【例题】　如图 3-16(a)所示，求作被水平面截切的圆锥的截交线。

【分析】　因截平面与圆锥轴线平行，故截交线的形状为一双曲线。作双曲线的投影要利用在锥面上找点的方法。截交线的正面投影和侧面投影都积聚为直线，只需求出水平面投影。

【作图】

(1) 作特殊位置点 A、C、E 点的三面投影 a、c、e 和 a'、c'、e' 及 a''、c''、e''。如图 3-16(b)所示。

(2) 利用辅助圆法作一般位置点 B、D 点的三面投影 b、d 和 b'、d' 及 b''、d''。如图 3-16(c)所示。

（3）擦去多余图线，完善轮廓。如图 3-16(d)所示。

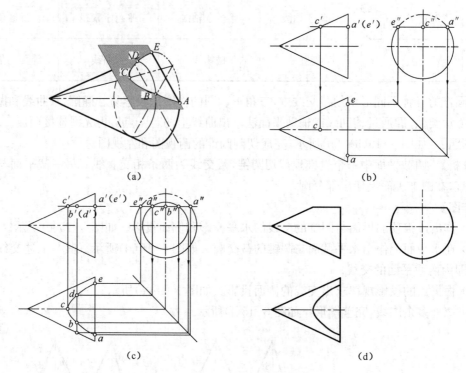

图 3-16　正平面截切圆锥的截交线

3）圆球的截交线

无论截平面怎样截切球体，其截交线形状均为圆。由于截交线圆与投影面的相对位置不同，因此其投影可能为圆、椭圆或直线。如表 3-3 所示。

表 3-3　圆球的截交线

截平面位置	与 V 面平行	与 H 面平行	与 V 面垂直
轴测图			
投影图			

当截交线的投影为直线或圆时,其作图比较方便。若为椭圆,则需要通过辅助平面法在球体表面上找点的方法作图。

【例题】 如图 3-17(a)所示,完成开槽半圆球的截交线。

【分析】 球表面的凹槽由两个侧平面和一个水平面切割而成,两个侧平面和球的交线为两段平行于侧面的圆弧,水平面与球的交线为前后两段水平圆弧,截平面之间的交线为正垂线。

【作图】

(1)利用辅助圆法作出两侧平面与球表面交线的侧面投影以及水平面与球表面交线的水平投影。如图 3-17(b)所示。

(2)擦去多余图线,完善轮廓。如图 3-17(c)所示。

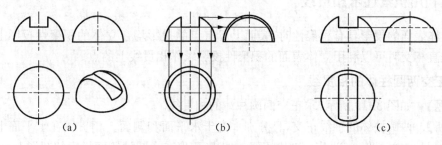

(a)　　　　　　　　　　　(b)　　　　　　　　　　　(c)

图 3-17　开槽半圆球的截交线

总结平面体与回转体的截交线的求解过程,为了正确清晰地作出截交线三视图投影,应遵循以下五个步骤:

(1)补全基本体被截断之前的完整三视图。

(2)找特殊点,即截平面与平面体棱线的交点、截平面与回转体象限点素线(投影面转向轮廓线)的交点。

(3)找一般位置点,棱柱和圆柱可以直接利用其投影积聚性求得,棱锥可以利用辅助线法求得,球和圆环可以利用辅助圆法求得,而圆锥既可利用辅助线法又可利用辅助圆法求得。

(4)平面体的截交线用直线连接所求各点,回转体的截交线用光滑曲线连接所求各点。

(5)擦去多余的图线,描深截断体轮廓线及所求截交线,完成作图。

知识点 4　相贯线

相交的两个及两个以上立体组成的新立体称为相贯体,其表面交线则称为相贯线。相贯体分为平面体与平面体相贯、平面体与回转体相贯、回转体与回转体相贯等几种情况。如图 3-18 所示。

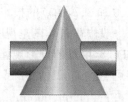

图 3-18　相贯体的不同类型

虽然相交立体的形状、位置等不尽相同,但相贯线都具有以下两点共性:

(1) 相贯线是相交立体表面上的共有线,也是立体表面的分界线。

(2) 一般情况下相贯线为封闭的空间曲线,特殊情况为平面曲线或直线。

求两个曲面基本体相贯线的实质就是求它们表面的共有点。作图时,利用立体表面的积聚性或辅助平面法,依次求出特殊点和一般点,判别其可见性,然后将各点光滑连接起来,即得相贯线。

在工业生产过程中,两回转体轴线垂直相交形成的相贯体机件最为常见,本节只讨论两回转体轴线垂直相交时相贯线的作图原理及画法。两回转体轴线垂直相交又称为两回转体正交。

3.4.1 利用积聚性求相贯线

当立体表面的投影具有积聚性时,表面上所有点的投影均在立体的积聚性投影上。两圆柱轴线垂直相交时可以利用立体表面的积聚性投影求作相贯线上的点。

1) 正交两圆柱体的相贯线

【例题】 如图 3-19 所示,求正交两圆柱体的相贯线。

【分析】 两圆柱体的轴线正交,且分别垂直于水平面和侧面。相贯线在水平面上的投影积聚在小圆柱水平投影的圆周上,在侧面上的投影积聚在大圆柱侧面投影的圆周上,正面投影为前后对称的空间曲线。

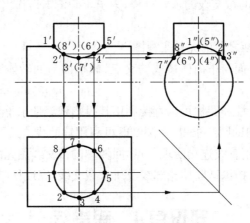

图 3-19 正交两圆柱体的相贯线

【作图】

(1) 求特殊位置点。在左视图上取最高点 1″、5″ 和最低点 3″、7″,再根据积聚性求出其俯视图的投影 1、5 和 3、7,由点的投影规律求出其正面投影 1′、5′ 和 3′、7′,并判断可见性。

(2) 求一般位置点。在左视图上取点 2″、4″ 和对称点 6″、8″,再根据积聚性求出其俯视图的投影 2、4 和 6、8,由点的投影规律求出其正面投影 2′、4′ 和 6′、8′,并判断可见性。

(3) 将可见点 1′、2′、3′、4′、5′ 顺次用粗实线光滑连接,即得正交两圆柱体相贯线的正面投影。

2）正交两圆柱体的类型

两圆柱体正交有三种情况：两外圆柱面相交，外圆柱面与内圆柱面相交，两内圆柱面相交。这三种情况的相交形式虽然不同，但相贯线的性质和形状一样，求法也是一样的。如图 3-20 所示。

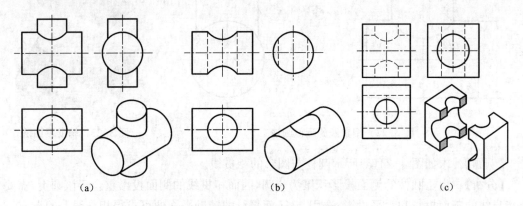

（a）　　　　　　　　　　（b）　　　　　　　　　　（c）

图 3-20　两正交圆柱体相交的三种情况

3）不同直径两圆柱体正交的相贯线

不同直径的圆柱体相贯，其相贯线的弯曲趋势是不同的，相贯线总向大圆柱的轴线弯曲，并且当两圆柱体的直径相等时，其交线为两条平面曲线（椭圆）。如图 3-21 所示。

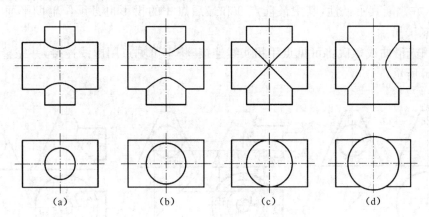

（a）　　　　　（b）　　　　　（c）　　　　　（d）

图 3-21　不同直径圆柱体的线相贯

4）正交两圆柱相贯线近似画法

如对相贯线的准确性无特殊要求，当两圆柱正交且直径相差较大时，可采用圆弧代替相贯线的近似画法。垂直正交两圆柱的相贯线可用大圆柱的 $D/2$ 为半径作圆弧来代替，圆心位于小圆柱轴线上。如图 3-22 所示。

3.4.2　利用辅助平面法求相贯线

相交的两个回转体中有一个的投影不具有积聚性时，必须利用辅助平面法求两个回转体的相贯线。辅助平面法就是用一辅助平面同时与两回转体相交得两组截交线，这两组截交线的交点即为相贯线上的点。辅助平面一般选择投影面的平行面或垂直面。如图 3-23 所示。

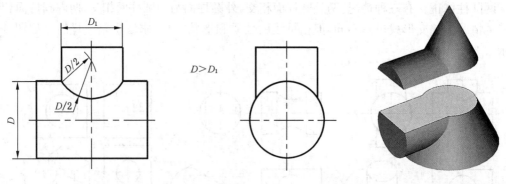

$D > D_1$

图 3-22　相贯线的近似画法　　　　　　图 3-23　辅助平面法

【例题】　求如图 3-24(a)所示圆柱与圆台的相贯线。

【分析】　由于圆柱的侧面投影积聚为一圆，因而相贯线的侧面投影重合于该圆上，需要作出相贯线的正面投影和水平投影，选用与 H 面平行的辅助平面便可求得相贯线上的点。

【作图】

（1）求作特殊位置点。在左视图的圆上取最上、最下点 $1''$、$2''$，利用积聚性求出其正面投影 $1'$、$2'$ 和水平投影 1、2，并判断其可见性。如图 3-24(b)所示。

（2）求作一般位置点。任作两个辅助水平面 Q_V、R_V，利用辅助圆法求出其正面投影和水平投影，并判断其可见性，其中最前点 3 和最后点 4 的投影也必须作辅助平面 P_V 求解。如图 3-24(b)所示。

（3）用光滑曲线顺次将可见点用粗实线连接，将不可见点用虚线连接，并完善轮廓。如图 3-24(c)所示。

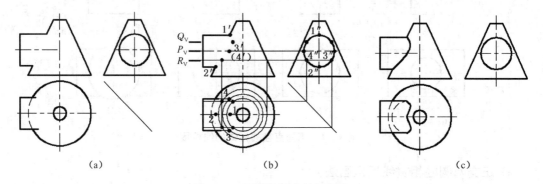

（a）　　　　　　　　　　　（b）　　　　　　　　　　　（c）

图 3-24　圆柱与圆台的相贯线

3.4.3　相贯线的特殊情况

两回转体相交，其相贯线一般为空间曲线，但在特殊情况下也可能是平面曲线或直线。

1）两回转体轴线相交且公切一圆球时相贯线为椭圆

图 3-25(a)中两圆柱轴线相交并与 V 面平行，故相贯线为垂直于 V 面的两椭圆。即主视

图中两相交直线。

如在立体中开两个轴线相交的等直径孔,则也会在内表面上形成两个椭圆。生产实际中,此类情况比较常见。如图 3-25(b)所示。

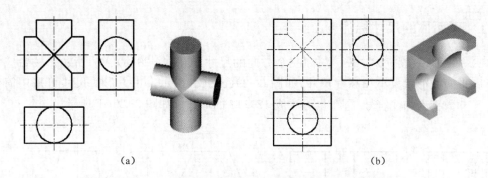

（a）   （b）

图 3-25　两回转体轴线相交且公切一圆球时的相贯线

2）两同轴回转体的相贯线是垂直于轴线的圆

圆球与圆柱同轴相交、圆球开孔、圆球与圆锥相交且轴线平行于 V 面,则相贯线圆在 V 面上的投影积聚为直线。如图 3-26 所示。

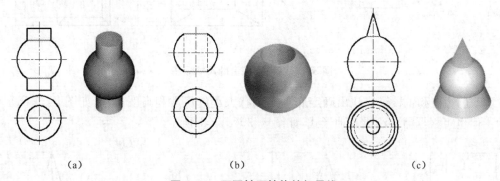

（a）   （b）   （c）

图 3-26　两同轴回转体的相贯线

3）轴线平行的两圆柱的相贯线是两条平行的素线。如图 3-27 所示

4）两圆锥共顶点的相贯线是直线。如图 3-28 所示

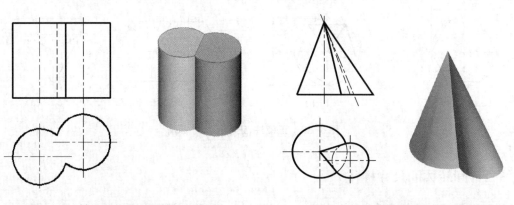

图 3-27　轴线平行的两圆柱的相贯线　　　图 3-28　两圆锥共顶点的相贯线

知识点5 简单立体的尺寸标注

3.5.1 平面体的尺寸标注

（1）平面体一般应标注长、宽、高三个方向的尺寸，如图3-29(a)、(b)所示。棱台应注出上、下底平面的形状大小和高度尺寸，如图3-29(c)、(d)所示。正方形的尺寸可采用简化注法，在尺寸数字前加注符号"□"，也可注成12×12的形式。如图3-29(d)所示。

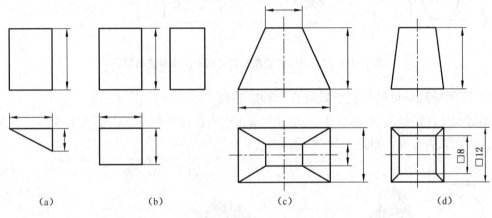

| (a) | (b) | (c) | (d) |

图3-29 棱柱、棱台的尺寸标注

（2）正棱柱和正棱锥应注出确定底平面形状大小的尺寸和高度尺寸，如图3-30(a)、(b)所示。但也可根据需要注成其他形式，如图3-30(c)、(d)所示。

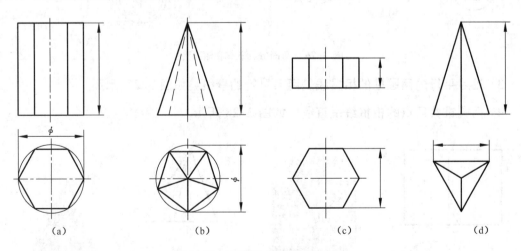

| (a) | (b) | (c) | (d) |

图3-30 正棱柱、正棱锥尺寸标注

3.5.2 回转体的尺寸标注

（1）圆柱和圆台（或圆锥）应注出底圆直径和高度，直径一般标注在投影为非圆的视图上，并在直径尺寸前加注直径符号"φ",如图 3-31(a)、(b)所示。

（2）圆球只标一个直径尺寸,并在直径尺寸前加注球径符号"Sφ",只用一个视图就可将其形状和大小表示清楚,如图 3-31(c)所示。

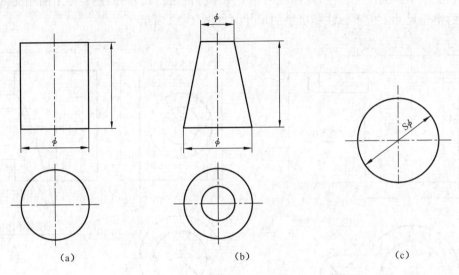

(a)	(b)	(c)

图 3-31 回转体的尺寸标注

3.5.3 截断体的尺寸标注

截断体是指带有切口、凹槽和穿孔的基本体。截断体的尺寸标注除应标注基本体的定形尺寸外,还要标注截切平面的定位尺寸和开槽或穿孔的定形尺寸,但不标注截交线的尺寸。如图 3-32 所示。

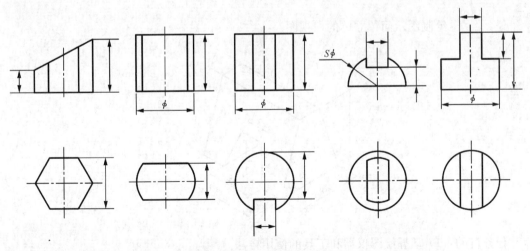

图 3-32 截断体的尺寸标注

3.5.4　相贯体的尺寸标注

两相交基本体的尺寸标注,除标注两相交基本体的定形尺寸外,还要注出两相交基本体相对位置的定位尺寸。但不标注相贯线的尺寸。如图 3-33 所示。

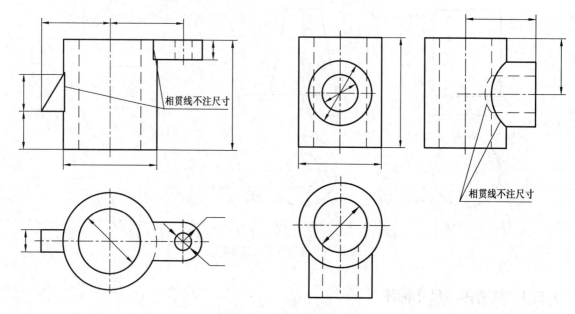

图 3-33　相贯体的尺寸标注

制图大作业

任　　务:绘制图示简单立体的三视图。

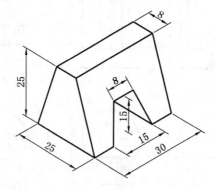

任务目的:(1) 掌握绘图仪器和工具的使用方法。

　　　　　(2) 掌握制图国家标准中有关图幅、比例、字体、图线和尺寸标注的运用。

　　　　　(3) 掌握三视图在图纸内的布置方法。

任务要求:(1) 采用印刷 A3 图纸,比例自行确定。

　　　　　(2) 准备好必需的绘图仪器和工具。

评分标准：(1) 标题栏填写正确,字体书写规范。

(2) 图线应用正确,线条流畅光滑。

(3) 图形绘制、尺寸标注正确完整。

(4) 图样清洁,布图合理。

模块四

组 合 体

【导　读】

（2）目的要求　掌握组合体三视图绘图方法和步骤

（3）仪器工具　三角板、圆规、图纸、铅笔

（4）考核要求　用 A3 图纸,按 1∶1 比例完成模块内容后的制图大作业。要求完整表达组合体的内外形状。标注尺寸要完整、清晰,并符合国家制图标准

知识点 1　组合体的形体分析

在绘制、识读组合体的三视图的过程中,假想将组合体分割成若干个基本几何体,并分析清楚各个基本几何体的结构形状、组合形式、相对位置以及表面连接方式,以便于正确、准确、完整地绘制、识读组合体的三视图。这种将组合体分解成几个简单几何体的分析方法称为形体分析法。这是绘制、识读复杂几何体三视图的基本方法。

如图 4-1(a)所示,支座可分解成图 4-1(b)所示的底板、大圆筒、小圆筒、肋板四个部分。

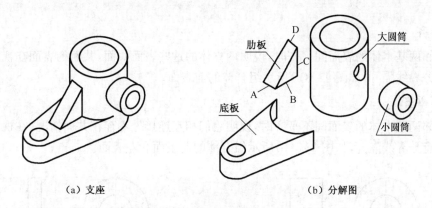

（a）支座　　　　　　　　　　　　（b）分解图

图 4-1　组合体的形体分析

4.1.1　组合体的组合方式

组合体的组合形式分为叠加、切割和综合三种,如图 4-2 所示。

1）叠加

若干个基本体按一定方式"累加"在一起,构成组合体的各基本形体相互堆积、叠加,如图 4-2(a)所示,筋板和立板堆积在底板上。

2）切割

从构成组合体的基本形体中挖出、切去较小基本形体,如图 4-2(b)所示,底板和立板分别被圆柱体挖切。

3）综合

既有叠加又有切割而形成的组合体,如图 4-2(c)所示。

（a）叠加型　　　　　　　（b）切割型　　　　　　　（c）综合型

图 4-2　组合体的组合方式

4.1.2　组合体的表面连接方式

组合体经叠加、切割等方式组合后,按形体邻接表面间连接方式的不同可分为以下几种情况:

1）平齐

当相邻两基本体的表面间平齐时,说明两立体的这些表面共面,共面的表面在视图的连接处不应有分界线隔开,如图 4-3(a)所示组合体的前表面。

2）不平齐

当相邻两基本体的表面间不平齐时,说明它们相互连接处不存在共面情况,在视图上不同表面处应有分界线隔开,如图 4-3(b)所示组合体的前表面和左表面。

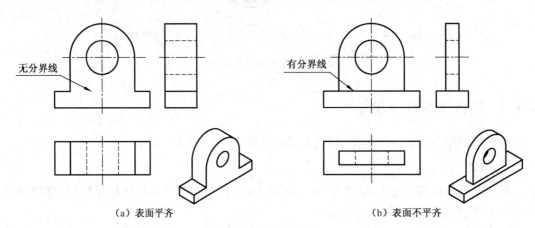

无分界线　　　　　　　　　　　　　有分界线

（a）表面平齐　　　　　　　　　　　　（b）表面不平齐

图 4-3　表面平齐与不平齐

3）相切

相切是指两基本体表面在某处的连接是圆滑过渡,不存在明显的分界线,包括平面与曲面相切、曲面与曲面相切两种情况。当两个基本体相切时,在相切处规定不画分界线的投影,相关面的投影应画到切点处,切线的投影不画线。如图 4-4 所示。

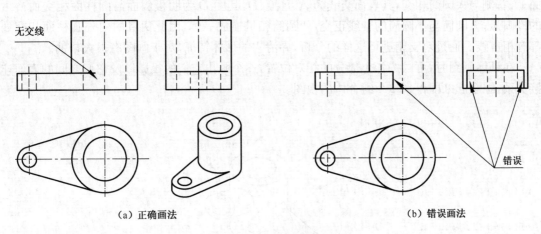

(a) 正确画法　　　　　　　　　　(b) 错误画法

图 4-4　表面相切

4) 相交

当两立体表面相交时,在投影图上要正确画出交线的投影。相交处必须画出截交线或相贯线的投影,如图 4-5 所示。

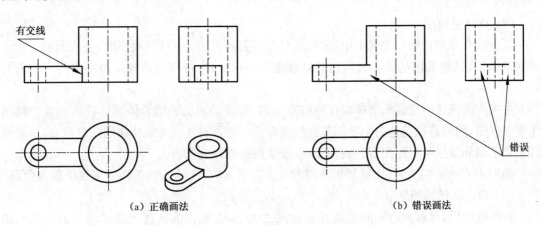

(a) 正确画法　　　　　　　　　　(b) 错误画法

图 4-5　表面相交

知识点 2　组合体三视图的画法

绘制组合体三视图之前,首先应对组合体进行形体分析,分析该组合体是由哪些基本体所组成的,了解它们之间的相对位置、组合形式、表面间的连接关系及其分界线的特点,为选择主视图的投影方向和绘图理清思路,然后才能开始画图。

4.2.1　综合型组合体三视图的绘图步骤

(1) 形体分析

图 4-6 中的支座由大圆筒、小圆筒、底板和肋板组成,从图中可以看出大圆筒与底板接合,底板的底面与大圆筒底面共面,底板的侧面与大圆筒的外圆柱面相切;肋板叠加在底板的上表

面上,右侧与大圆筒相交,其表面交线为 A、B、C、D,其中 D 为肋板斜面与圆柱面相交而产生的椭圆弧;大圆筒与小圆筒的轴线正交,两圆筒相贯连成一体,因此两者的内外圆柱面相交处都有相贯线。通过对支座进行这样的分析,弄清它的形体特征,对于画图有很大帮助。

在具体画图时,可以按各个部分的相对位置,逐个画出它们的投影以及它们之间的表面连接关系,综合起来即得到整个组合体的视图。

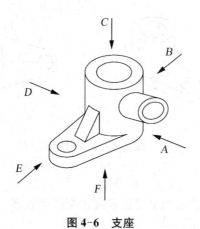

图 4-6 支座

(2) 选择主视图

表达组合体形状的一组视图中,主视图是最主要的视图。在画三视图时,主视图的投影方向确定以后,其他视图的投影方向也就被确定了。因此,主视图的选择是绘图中的一个重要环节。

主视图的选择一般根据形体特征原则来考虑,即以最能反映组合体形体特征的那个视图作为主视图,同时兼顾其他两个视图表达的清晰性。选择时还应考虑物体的安放位置,尽量使其主要平面和轴线与投影面平行或垂直,以便使投影能得到实形。

如图 4-6 所示的支座,比较箭头所指的各个投影方向,选择 A 向投影为主视图较为合理。

(3) 确定比例和图幅

视图确定后,要根据物体的复杂程度和尺寸大小,按照标准的规定选择适当的比例与图幅。选择的图幅要留有足够的空间以便于标注尺寸和画标题栏等。

(4) 布置视图位置

布置视图时,应根据已确定的各视图每个方向的最大尺寸,并考虑到尺寸标注和标题栏等所需的空间,匀称地将各视图布置在图幅上。

(5) 绘制底稿

支座的绘图步骤如图 4-7 所示。

绘图时应注意以下几点:

(1) 为保证三视图之间相互对正,提高画图速度,减少差错,应尽可能把同一形体的三面投影联系起来作图,并依次完成各组成部分的三面投影。不要孤立地先完成一个视图,再画另一个视图。

(2) 先画主要形体,后画次要形体;先画各形体的主要部分,后画次要部分;先画可见部分,后画不可见部分。

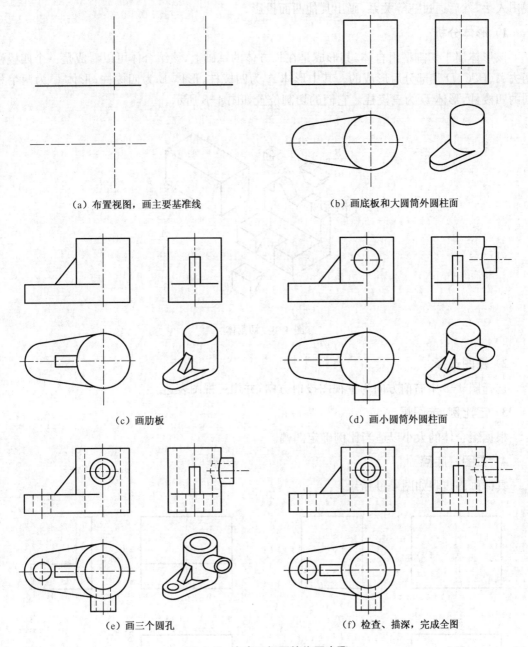

（a）布置视图，画主要基准线　　　（b）画底板和大圆筒外圆柱面

（c）画肋板　　　　　　　　（d）画小圆筒外圆柱面

（e）画三个圆孔　　　　　　（f）检查、描深，完成全图

图 4-7　支座三视图的作图步骤

（3）应考虑到组合体是各个部分组合起来的一个整体，作图时要正确处理各形体之间的表面连接关系。

4.2.2　切割型组合体三视图的绘图步骤

切割型组合体可以看成是由一个基本体被切去某些部分后形成的。画切割型组合体的三视图，应先画出切割前完整基本体的三视图，然后按照切割过程逐个画出被切部分的投影，从而得到切割体的三视图。同画叠加型组合体类似，对于被切去的形体也应从反映形状特征的视图入手,然后通过三等关系,画出其他两面投影。

1）形体分析

该形体属于切割型组合体,其形成是在长方体的基础上,该组合体可以看成是一个四棱柱切去 A、B、C、D 几部分后形成的。其中形体 A 为四棱柱,形体 B 为四棱柱,形体 C 为两个相同的四棱柱,形体 D 为三棱柱。它们的切割位置如图 4-8 所示。

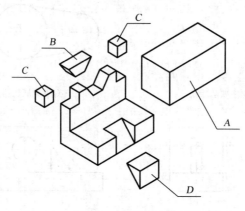

图 4-8　切割体

2）视图选择

选择图 4-8 中右前方向为主视图投射方向,并用三视图表达。

3）定比例、选图幅

根据组合体的大小以适当比例确定图幅。

4）布图打底稿

具体画图步骤如图 4-9 所示。

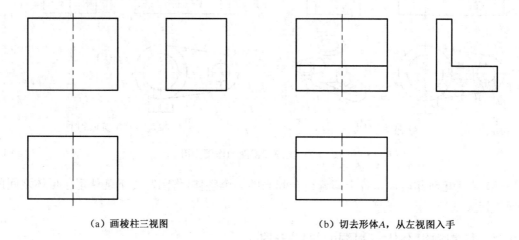

（a）画棱柱三视图　　　　　　　　（b）切去形体A,从左视图入手

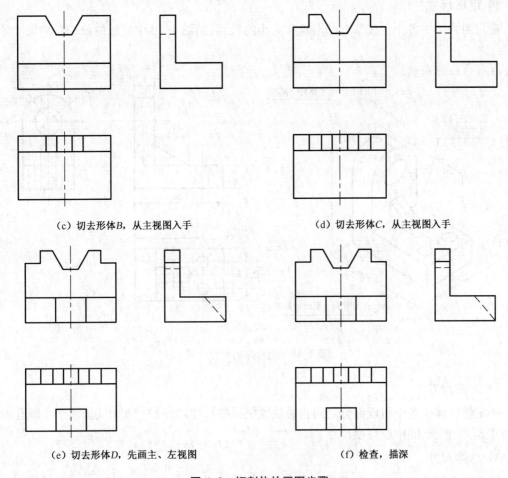

（c）切去形体B，从主视图入手　　　　　　　（d）切去形体C，从主视图入手

（e）切去形体D，先画主、左视图　　　　　　　（f）检查，描深

图 4-9　切割体的画图步骤

5）检查、描深

全面检查投影，检查无误后，对图进行加深、描粗。如图 4-9(f)所示。

知识点3　组合体的尺寸标注

4.3.1　尺寸的分类

组合体的尺寸可以根据其作用分为三类：定形尺寸、定位尺寸和总体尺寸。定形尺寸是决定单个基本形体大小的尺寸，定位尺寸是各形体之间相对位置尺寸，总体尺寸是组合体的总长、总宽、总高尺寸。

尺寸的基准是标注、测量尺寸的起点。基准的形式一般有三种：点、线和面。常采用较大的平面（如对称面、底面、端面）、直线（如回转轴线、轮廓线）、点等作为尺寸基准。一般在长、宽、高三个方向至少各有一个主要尺寸基准，如图 4-10(a)所示。

1）定形尺寸

确定组合体中各个组成部分的形状和大小的尺寸,如图 4-10 中底板的长、宽、高尺寸分别为 28、17、7。

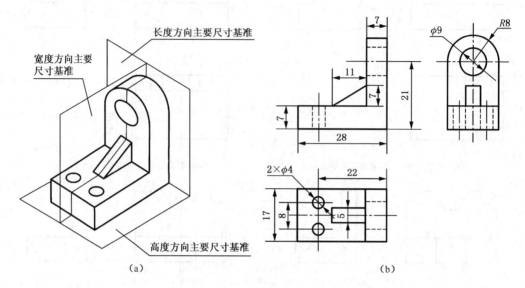

图 4-10　组合体的尺寸分析

2）定位尺寸

确定组合体中各个组成部分之间相对位置关系的尺寸,如图 4-10 中底板两个小圆孔的位置尺寸 8、22 和 $\phi9$ 的中心高度尺寸 21。

3）总体尺寸

确定组合体总长、总宽、总高的尺寸,如图 4-10 中的 28、17、21。

如果某个总体尺寸与已有的定形尺寸或定位尺寸重合,则不再重复标注。若组合体的端部是回转体时,则该组合体的总体尺寸不直接注出,而是注出回转体轴线到底面的距离,总高由这个距离和回转体半径之和确定,如图 4-10(b)中的高度尺寸 21。

4.3.2　尺寸标注的基本要求

组合体的视图只表达其结构形状,大小必须由视图上所标注的尺寸来确定。标注组合体尺寸时,必须做到以下基本要求:

1）正确

所注尺寸必须严格遵守国家标准《机械制图　尺寸注法》(GB/T 4458.4—2003)中有关尺寸标注的规定。

2）完整

所注尺寸能唯一地确定物体的形状大小和各组成部分的相对位置,必须能完全确定组合体的形状和大小,不得漏注尺寸,也不得重复标注。

3) 清晰

尺寸的布置应清晰、明了,方便读图。应该注意以下几个问题:

(1) 尺寸应尽量标注在表示形体特征最明显的视图上。

(2) 同一形体的尺寸应尽量集中标注在同一个视图上。

(3) 尺寸应尽量标注在视图的外部,与两视图有关的尺寸,最好标注在两视图之间。为了避免尺寸标注零乱,同一方向连续的几个尺寸尽量放在一条线上对齐。

(4) 同轴回转体的直径尺寸尽量标注在非圆的视图上。

(5) 尺寸应尽量避免标注在虚线上。

(4) 尺寸线与尺寸线不能相交,尺寸线与尺寸界线尽量避免相交。

在标注尺寸时,有时会出现不能兼顾以上各点要求的情况,必须在保证尺寸完整、清晰的前提下,根据具体情况,统筹安排,合理布局。

4.3.3 尺寸标注的基本方法和步骤

标注组合体的尺寸时,应先对组合体进行形体分析,选择基准,标注定形尺寸、定位尺寸和总体尺寸,最后检查、核对。下面以轴承座为例说明组合体尺寸标注的方法和步骤,如图 4-11 所示。

1) 形体分析

分析组合体的组合形式、组成部分及各部分之间的位置关系。轴承座由底板、支撑板、大圆筒、小圆筒、肋板组成。其中,底板、支撑板、肋板以叠加方式组合,底板、支撑板的后面平齐;支撑板、大圆筒以叠加且相切的方式组合;大圆筒、小圆筒以垂直相交的方式组合,表面形成相贯线。

2) 选择尺寸基准

如图 4-11(a)所示,以轴承座的底面作为高度方向的主要尺寸基准,竖板的后表面为宽度方向的主要尺寸基准,左右对称面为长度方向的主要尺寸基准。

3) 标注定形、定位尺寸

逐个标注各组成部分的定形、定位尺寸。如图 4-11(a)中,注出各个部分之间的定位尺寸 15、55、80、160。图 4-11(b)注出圆筒的定形尺寸。图 4-11(c)注出底板的定形及定位尺寸。图 4-11(d)注出竖板的定形尺寸。图 4-11(e)注出肋板的定形尺寸。

4) 调整标注总体尺寸

虽然在形体分析时,可把组合体假想分成几个部分,但是它仍然是一个整体。所以,要标注组合体外形和所占空间的总体尺寸,即总长、总宽、总高。在标注时应注意调整,避免出现多余尺寸。如图 4-11(f)中的总长 260 和总高 240,而总宽由 140+15 决定。总长 260 及总宽 140+15 和已有的尺寸重合,不必再标注;而总高 240 标注出后,要将定位尺寸 80 去掉,因为它的大小可以由总高 240 和 160 相减得到,若再标注则为重复标注,在高度方向将出现封闭尺寸链,这种情况是不允许的。

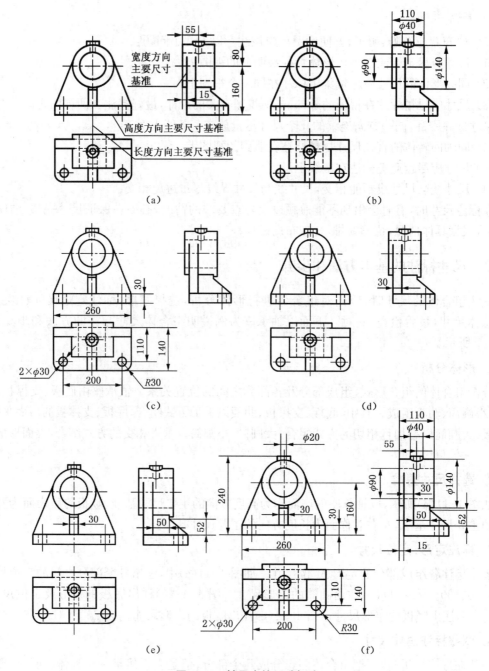

图 4-11 轴承座的尺寸标注

知识点 4 读组合体视图

读图是画图的逆过程。画图是把空间立体的组合体用正投影法表示为其各面投影图;而读图则是根据已画出的视图,运用投影规律和形体分析法、线面分析法,想象出组合体的立体形状。画图和读图是同等重要的,掌握好读图方法并能熟练运用,是工程技术人员必备的基本能力。

要做到快速熟练地读懂组合体视图,首先需要掌握有关读图的基本知识,学习读图的基本方法与步骤,提高读图的速度和准确度。

4.4.1　读图的基本知识

1)理解视图中线框和图线的含义

(1)视图中的每一条图线可以表示:

① 面的积聚性投影,如图 4-12 中直线 1 和 2 分别是 A 面和 E 面的积聚性投影。

② 两个面的交线的投影,如图 4-12 中直线 4 是 A 面和 D 面交线。

③ 曲面的转向轮廓线的投影,如图 4-12 左视图中虚线 6 是小圆孔圆柱面的转向轮廓线。

(2)视图中的每个封闭线框可以表示:

① 物体上一个平面的投影,如图 4-12 中主视图上的线框 A、B、C 是平面的投影。

② 物体上一个曲面的投影,如图 4-12 中俯视图的中间线框是 U 形板圆柱面的投影。

③ 平面与曲面相切形成的面的投影,如图 4-12 中线框 D 是平面与圆柱面相切形成的组合面的投影。

④ 一个孔的投影,如图 4-12 中主、俯视图中大、小两个圆线框分别是大、小两个孔的投影。

(3)视图中相邻的两个封闭线框表示:

① 同向错位的两个面的投影,如图 4-12 中 B、C、D 三个线框两两相邻,从俯视图中可以看出,B、C 以及 D 的平面部分互相平行,且 D 在最前,B 居中,C 最靠后。

② 两个相交面的投影,如图 4-12 中面 A 和面 D 在主视图中的投影。

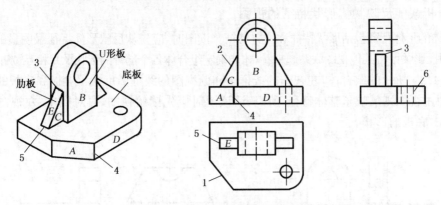

图 4-12　组合体的线框和图线的含义

(4)大线框内套小线框,表示在大的形体上凸出或凹下的小的形体的投影。如图 4-12 中俯视图上的小圆线框表示凹下的孔的投影,线框 E 表示凸起的肋板的投影。

2)几个视图联系起来读图

一个视图是不能完全确定组合体形状的,如图 4-13 所示的四个组合体,其形状各异,但它们的主视图完全相同。由此可见,读图时必须把所给出的几个视图联系起来,才能想象出组合体的确切形状。

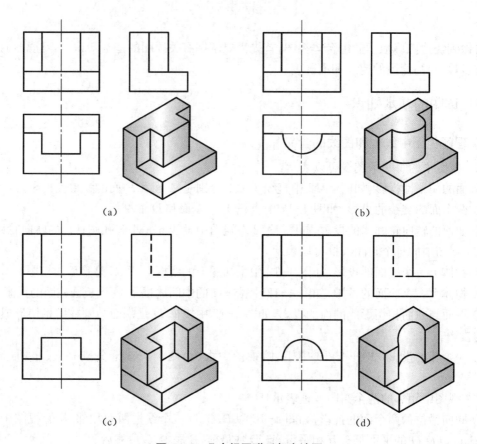

图 4-13　几个视图联系起来读图

3）分析最能反映物体形状特征的视图

组合体的形体特征包括形状特征和位置特征。读图时,应先从反映形体特征最明显的视图读起,再利用投影关系将其他视图联系起来看,才能确定组合体各个部分的形状及其相互位置关系。

如图 4-14 所示的组合体,左视图的线框 1 和俯视图的线框 2 反映了立板和底板的局部形状特征,而主视图则反映了整体特征,所以,读该图时应先读俯视图,再对照主、左视图便能很快地想象出底板的形状。

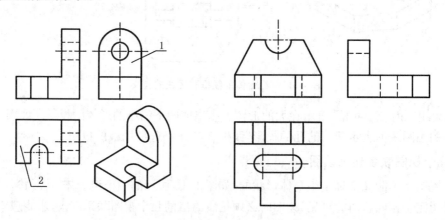

图 4-14　分析最能反映物体形状特征的视图

4.4.2　读图的基本方法

读图的基本方法有形体分析法和线面分析法。

1）形体分析法

根据组合体的特点,将其分解成几个部分,并将每一部分的几个投影对照进行分析,想象出其形状,并确定各部分之间的相对位置和组合形式,最后综合想象出整个物体的形状。这种读图方法称为形体分析法。形体分析法的读图步骤如下:

(1) 分析线框,对照投影。

(2) 想出形体,确定位置。

(3) 综合起来,想出整体。

一般的读图顺序是:先看主要部分,后看次要部分;先看容易确定的部分,后看难以确定的部分;先看某一组成部分的整体形状,后看其细节部分形状。

【例题】　图 4-15(a)所示为轴承座的三视图,想象出该组合体的空间形状。

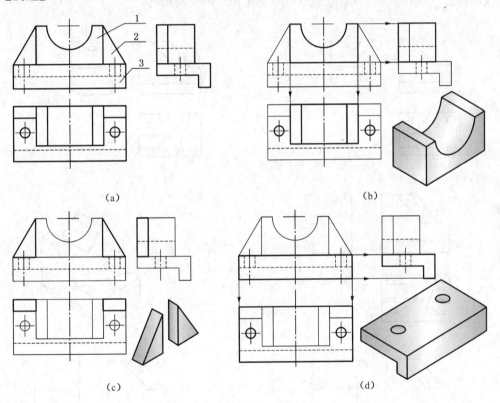

图 4-15　轴承座的读图方法与步骤

在读懂每个组成部分形状的基础上,再根据已给的三视图,利用投影关系判断它们的相互位置关系,逐渐形成一个整体形状。

由三视图可以看出,立板 1 在底板 3 的上方,位置是左右对中,后表面平齐;肋 2 在立板 1 的两侧,与 1、3 后表面平齐。底板 3 的凸块可以由左视图清楚地看到。想象出组合体的空间形状如图 4-16 所示。

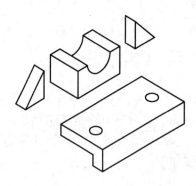
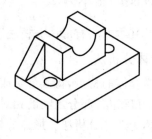

图 4-16 轴承座的整体形状

2）线面分析法

从线和面的投影规律去分析物体的形成及构成形体各部分的形状与相对位置的方法,称为线面分析法。线面分析法主要用于读以切割体为主形体的视图。

【例题】 如图 4-17(a)所示的三视图,想象出它的空间形状。

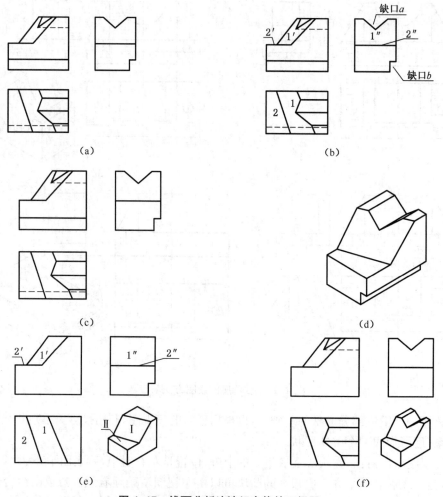

图 4-17 线面分析法读组合体的三视图

（1）初步判断主体形状

物体被多个平面切割，但从三个视图的最大线框来看，基本都是矩形，据此可判断该物体的主体应是长方体。

（2）确定切割面的形状和位置

从图 4-17(b) 左视图中可明显看出该物体有 a、b 两个缺口，其中缺口 a 是由两个相交的侧垂面切割而成，缺口 b 是由一个正平面和一个水平面切割而成。还可以看出主视图中线框 1′、俯视图中线框 1 和左视图中线框 1″有投影对应关系，据此可分析出它们是一个一般位置平面的投影。主视图中线段 2′、俯视图中线框 2 和左视图中线段 2″有投影对应关系，可分析出它们是一个水平面的投影，并且可看出 Ⅰ、Ⅱ 两个平面相交。

（3）逐个想象各切割处的形状

看图时可先将两个缺口在三个视图中的投影忽略，如图 4-17(c) 所示。此时物体可认为是由一个长方体被 Ⅰ、Ⅱ 两个平面切割而成，可想象出此时物体的形状，如图 4-17(c) 的立体图所示。然后再依次想象缺口 a、b 处的形状，分别如图 4-17(d)、(e) 所示。

（4）想象整体形状

综合归纳各截切面的形状和空间位置，想象物体的整体形状，如图 4-17(f) 所示。

制图大作业

任　　务：完成图示组合体三视图绘制。

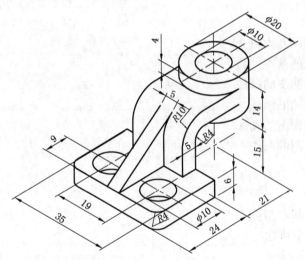

任务目的：（1）掌握绘图仪器和工具的使用方法。

（2）掌握制图国家标准中有关图幅、比例、字体、图线和尺寸标注的运用。

（3）掌握三视图在图纸内的布置方法。

任务要求：（1）采用印刷 A3 图纸，比例自行确定。

（2）准备好必需的绘图仪器和工具。

评分标准：（1）标题栏填写正确，字体书写规范。

（2）图线应用正确，线条流畅光滑，图形绘制、尺寸标注正确完整。

（3）图样清洁，布图合理。

模块五

轴 测 图

【导 读】

知 识 点

（1）轴测投影的基本知识

（2）正等轴测图

（3）斜二等轴测图

（4）轴测剖视图的画法

（5）轴测草图的画法

技 能 点

（1）了解轴测图的基本概念

（2）熟悉轴测图的基本性质

（3）掌握正等轴测图的画法

（4）熟悉斜二测图的画法

（5）了解轴测剖视图的画法

（6）了解轴测草图的画法

教学重点

（1）轴测投影的基本知识

（2）正等轴测图的画法

（3）斜二测图的画法

教学难点

（1）轴测投影的基本参数

（2）正等轴测图中椭圆的画法

考核任务

（1）任务内容　绘制立体正等轴测图和斜二等轴测图

（2）目的要求　掌握立体正等轴测图和斜二等轴测图绘图方法和步骤

（3）仪器工具　三角板、圆规、图纸、铅笔

（4）考核要求　用 A4 图纸，完成模块内容后的制图大作业。要求图形布置合理，线条流畅光滑

知识点 1　轴测图的基本知识

5.1.1　轴测图的形成

将物体连同固定在其上的直角坐标系，沿不平行于任一坐标平面的方向，用平行投影法投射在单一投影面 P 上所得到的图形就称为轴测投影图，简称轴测图。如图 5-1 所示，它能够反映出物体多个面的形状，立体感较强。

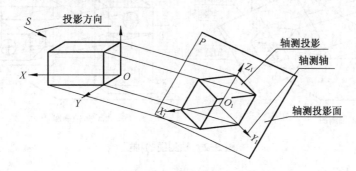

图 5-1　轴测图的形成

1）轴测图的基本术语

（1）轴测投影轴——直角坐标系的坐标轴 OX、OY、OZ 在轴测投影面上的投影，简称轴测轴，用 O_1X_1、O_1Y_1、O_1Z_1 表示。

（2）轴间角——两轴测轴之间的夹角称为轴间角。

（3）轴向伸缩系数——轴测轴上的单位长度与相应原直角坐标轴上的单位长度的比值，称为轴向伸缩系数。O_1X_1、O_1Y_1、O_1Z_1 轴上的轴向伸缩系数分别用 p_1、q_1、r_1 表示。

2）轴测图的基本性质

由于轴测投影也属于平行投影，所以轴测图具有平行投影的所有特性：

（1）平行性　物体上互相平行的线段，其轴测投影也互相平行。与坐标轴平行的线段，其轴测投影必定平行于轴测轴，这些线段称为轴向线段。

（2）定比性　物体上互相平行的两线段或同一直线上两线段的长度之比，在轴测图上保持相同的比值。与坐标轴平行的线段，它们的轴测投影长度等于线段的空间实长与相应的轴向伸缩系数的乘积。

（3）真实性　物体上平行于轴测投影面的直线和平面，在轴测图上反映实长和实形。

由此可见，已知轴间角和轴向伸缩系数，就可以沿着轴向度量并画出物体上的各点和线段，从而画出整个物体的轴测投影。

5.1.2 轴测图的种类

根据轴测投射方向 S 相对轴测投影面 P 的相对关系,轴测图可分为两大类:

1)正轴测图

如图 5-2(a)所示,由正投影法形成,投射方向 S 垂直于投影面 P。作图时一般使物体的 X、Y、Z 轴都倾斜于投影面。

2)斜轴测图

如图 5-2(b)所示,由斜投影法形成,投射方向 S 倾斜于投影面 P。作图时一般使物体的 XOZ 平面平行于投影面 P。

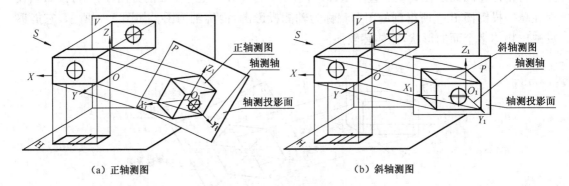

(a)正轴测图   (b)斜轴测图

图 5-2 轴测图的种类

由于确定空间物体位置的直角坐标轴对轴测投影面的倾角大小不同,则轴向伸缩系数也不同,故上述两大类轴测图又各分为下列三种:

(1)当 $p_1 = q_1 = r_1$ 时,称为正等轴测图或斜等轴测图,简称正等测或斜等测。

(2)当 $p_1 = q_1 \neq r_1$ 或 $q_1 = r_1 \neq p_1$ 或 $p_1 = r_1 \neq q_1$ 时,称为正二轴测图或斜二轴测图,简称正二测或斜二测。

(3)当 $p_1 \neq q_1 \neq r_1$ 时,称为正三测轴测图或斜三测轴测图,简称正三测或斜三测。

机械图样中正等测和斜二测应用较多。其余各种轴测投影作图很复杂,一般很少采用。本章只介绍正等测和斜二测的画法。

知识点 2 正等轴测图

5.2.1 正等轴测图的形成及参数

当物体上选定的三个直角坐标轴与轴测投影面的倾角相等时,用正投影法得到的轴测投影图称为正等轴测图,简称正等测。

由于三个坐标轴对投影面的倾角相等,因此正等测中的三个轴间角相等,均为 $120°$,如图 5-3 所示。作图时,一般将 O_1Z_1 轴画成铅垂方向;正等测中三个轴的轴向伸缩系数也相等,经数学方法推证,$p_1 = q_1 = r_1 \approx 0.82$。为了作图简便,规定轴向伸缩系数 $p = q = r = 1$,则沿轴向的所有尺寸只需用实长度量。当取 $p=q=r=1$，各轴向长度尺寸都分别放大了 $1/0.82 \approx 1.22$ 倍。但是并不影响轴测图的立体感。

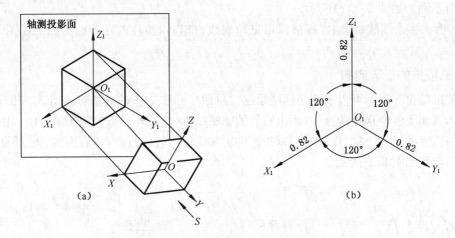

图 5-3　正等轴测图的形成与参数

5.2.2　平面体的正等轴测图

正等轴测图的基本作图方法有坐标法、叠加法和切割法，其中坐标法是基础。

1）正六棱柱的正等轴测图

【例题】　根据图 5-4(a)正六棱柱的投影图，画出它的正等轴测图。

【分析】　首先画好坐标轴和坐标原点，将坐标原点放在正六棱柱顶面，再确定顶面各顶点的坐标，有利于沿 Z_1 轴方向从上向下量取棱柱高度 h，可避免画多余图线，使作图简化。

【作图】

(1) 进行形体分析，确定坐标轴。将直角坐标系原点 O 放在顶面中心位置，并确定坐标轴 OX、OY。如图 5-4(a)所示。

(2) 作出轴测轴 O_1X_1、O_1Y_1、O_1Z_1，并在其上采用坐标量取的方法，在轴 O_1X_1 上量取 $OC_1 = OF_1 = \alpha = of$；在轴 O_1Y_1 上量取 $OA_1 = OB_1 = \alpha\alpha = ob$，过 A_1、B_1 分别作 $D_1E_1 \parallel G_1H_1 \parallel OX$，并使 D_1E_1、G_1H_1 等于六边形的边长，依次连接各点，可得正六棱柱的顶面。如图 5-4(b)所示。

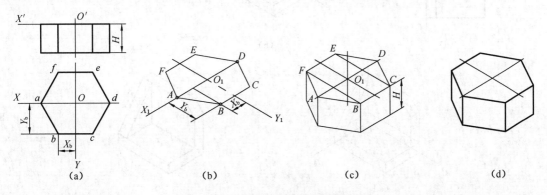

图 5-4　正六棱柱正等轴测图的画法

（3）过顶面点 C_1、D_1、E_1、H_1 沿 O_1Z_1 轴向下作 O_1Z_1 平行线并截取 h 高度，得到底面上的对应点 K_1、L_1、M_1、I_1，分别连接各对应点，可得六棱柱的底面，其中 F_1、G_1 两点往下的棱线因不可见而不画。如图 5-4(c)所示。

（4）擦去多余图线，用粗实线描深可见轮廓线，得到六棱柱的正等轴测图。如图 5-4(d)所示。

2）三棱锥的正等测图

三棱锥的正等测图可以采用坐标法绘制。所谓坐标法是选好坐标系，画出对应的轴测轴，根据立体表面上各个顶点的坐标，画出它们的轴测投影，然后连接成轴测图的方法。由于三棱锥由各种位置的平面组成，作图时可以先作锥顶和底面的轴测投影，然后连接各棱线即可。作图方法与步骤如图 5-5 所示。

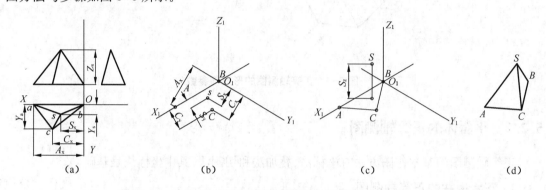

图 5-5 三棱锥的正等轴测图

3）正等轴测图的叠加法和切割法

【例题】 作出图 5-6(a)所示物体的正等轴测图。

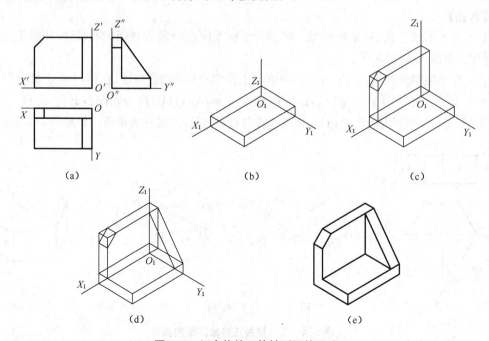

图 5-6 组合体的正等轴测图的画法

【分析】 从三视图可知,该组合体可看成由底板、竖板、支撑板三部分叠加组成,而竖板的角经切割成型。此类完全由叠加或切割而形成的物体,可以采用叠加法或切割法作出其正等轴测图。叠加法、切割法仍以坐标法为基础,根据各基本体的坐标,分别作出其轴测图,再按其相对位置进行叠加或切割。

【作图】

(1) 根据三视图分析确定坐标 OX、OY、OZ。如图 5-6(a)所示。

(2) 作出轴测轴 O_1X_1、O_1Y_1、O_1Z_1,沿轴向分别量取底板在三个轴向的尺寸,作出底板。如图 5-6(b)所示。

(3) 沿轴向分别量取竖板在三个轴向的尺寸,作出竖板,并将其沿 O_1Y_1 轴向后移出一个竖板的宽度。如图 5-6(c)所示。

(4) 沿轴向分别量取支撑板在三个轴向的尺寸,作出支撑板,并将其沿 O_1X_1 轴向向右后移出一个支撑板的宽度。如图 5-6(d)所示。

(5) 擦去多余的图线,描深轮廓线,即得组合体的正等轴测图。如图 5-6(e)所示。

总结上述平面体正等测图的作图过程,作平面体正等测图时应注意:

(1) 画平面体的轴测图时,首先应选好坐标轴并画出轴测轴;然后根据坐标确定各顶点的位置;最后依次连线,完成整体的轴测图。通常是先画顶面,再画底面;先画前面,再画后面;先画左面,再画右面。

(2) 为使图形更具立体感,轴测图中一般只画可见的轮廓线,尽量不画虚线。

5.2.3 回转体的正等轴测图

1) 圆的正等轴测图的画法

已知椭圆长短轴半径的四心法画法已经在模块一图 1-29 中介绍过,这里再讲解圆的正等轴测图的菱形四心法的绘制方法。作图方法及步骤如图 5-7 所示。

【作图】

(1) 过圆心 O 作坐标轴 OX、OY,再以圆的直径 d 作圆及其外切正方形,切点为 a、b、c、d。如图 5-7(a)所示。

(2) 作轴测轴 O_1X_1、O_1Y_1,从点 O_1 沿轴向测量长度 $d/2$ 得切点 A_1、B_1、C_1、D_1,过这四点作轴测轴的平行线,得到菱形,并作菱形的对角线。如图 5-7(b)所示。

(3) 过点 A_1、B_1、C_1、D_1 作菱形各边的垂线,在菱形的对角线上得到四个交点 O_2、O_3、O_4、O_5,这四个点就是代替椭圆弧四段圆弧的圆心。如图 5-7(c)所示。

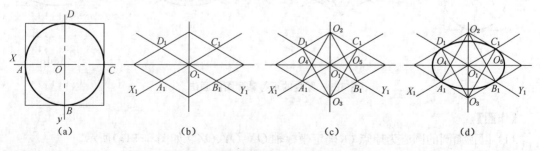

(a) (b) (c) (d)

图 5-7 椭圆的近似画法(菱形四心法)

（4）分别以 O_2、O_3 为圆心，以 O_2A_1（O_3C_1）为半径画圆弧 D_1C_1、A_1B_1；再以 O_4、O_5 为圆心，O_4A_1（O_5B_1）为半径画圆弧 D_1A_1、B_1C_1，即得近似椭圆。如图 5-7(d) 所示。

在三个坐标面或平行于坐标面的平面上的圆，其正等测投影均为椭圆。其正等测投影如图 5-8 所示。

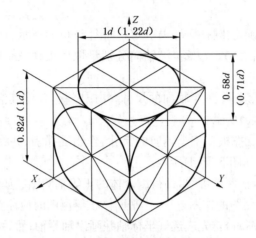

图 5-8　平行于坐标面的圆的正等轴测图

从图 5-8 可知：三个椭圆的形状和大小一样，但方向各不相同。各椭圆的短轴与相应菱形的短对角线重合；各椭圆的长轴与相应菱形的长对角线重合。

2）圆柱的正等轴测图

【例题】　根据图 5-9(a) 所示三视图，画出圆柱的正等轴测图。

【分析】　圆柱的轴线垂直于水平面，上下底面为两个与水平面平行且大小相等的圆，在轴测图中均为椭圆，可以取上底圆的圆心为坐标原点。

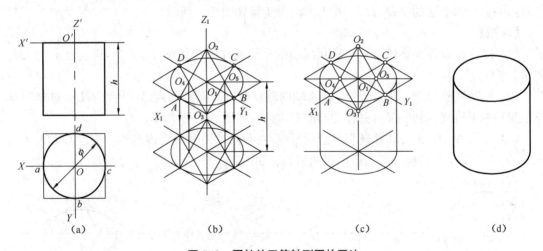

| (a) | (b) | (c) | (d) |

图 5-9　圆柱的正等轴测图的画法

【作图】

（1）以顶面圆的圆心为原点 O，确定坐标轴 OX、OY、OZ。如图 5-9(a) 所示。

（2）作出轴测轴 O_1X_1、O_1Y_1、O_1Z_1，用菱形四心法画出顶面圆，将顶面四段圆弧圆心沿 Z

轴向下平移 h，画出底圆。如图 5-9(b)所示。

(3) 作出两椭圆的公切线。如图 5-9(c)所示。

(4) 擦去作图线，描深，完成圆柱的正等轴测图。如图 5-9(d)所示。

3) 圆角的正等轴测图

【例题】 如图 5-10(a)所示，根据圆角的投影图，画出它的正等轴测图。

【分析】 形体经常有部分圆角结构，绘制圆角时可先按方角画出，再根据圆角半径，参照圆的正等轴测椭圆的四心法画法，作出圆角的正等轴测图。

【作图】

(1) 选坐标轴 OX、OY、OZ，由已知圆角半径 R，找出切点 a、b、c、d，过切点作切线的垂线，两垂线的交点即为圆心。如图 5-10(a)所示。

(2) 作出长方体，由圆角半径 R，找出切点 A_1、B_1、C_1、D_1，过切点作切线的垂线，两垂线的交点即为圆心，以 O_2 为圆心，作圆弧 A_1B_1，以 O_3 为圆心，作圆弧 C_1D_1。如图 5-10(b)所示。

(3) 将 O_2、O_3 沿 OZ 向下移动 h，即得下底面两圆弧的圆心 O_4、O_5，以 O_4、O_5 为圆心作对应的圆弧。如图 5-10(c)所示。

(4) 擦除作图线，描深圆弧即完成全图。如图 5-10(d)所示。

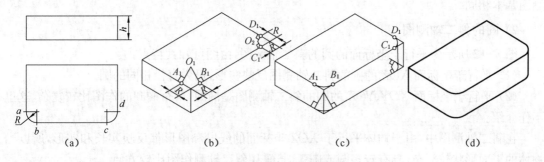

图 5-10 圆角的正等轴测图画法

知识点 3 斜二轴测图

5.3.1 斜二轴测图的形成及参数

物体的 XOZ 坐标平面平行于轴测投影面 P，采用斜投影法使投射方向与三个坐标轴都倾斜，这样得到的轴测图称为斜二轴测图。轴测轴 O_1X_1、O_1Z_1 为水平方向和铅垂方向，轴向伸缩系数 $p_1 = r_1 = 1$，而轴测轴 O_1Y_1 的轴向伸缩系数 q_1 可随投射方向的变化而变化，当 $q_1 \neq 1$ 时即为斜二轴测图。

常用的斜二轴测图为正斜二轴测，简称斜二测。其轴向伸缩系数为 $p_1 = r_1 = 1$，$q_1 = 0.5$，轴间角 $\angle X_1O_1Z_1 = 90°$，$\angle X_1O_1Y_1 = \angle Y_1O_1Z_1 = 135°$，作图时规定 O_1Z_1 轴画成铅垂方向，O_1X_1 轴为水平线，O_1Y_1 轴与水平线成 $45°$，如图 5-11 所示。

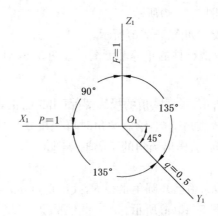

图 5-11　斜二轴测图的参数

5.3.2　斜二轴测图的画法

1）平面体的斜二轴测图

作平面体的斜二轴测图，只要采用其相应的轴间角和轴向伸缩系数，其作图步骤和正等轴测图基本相同。

2）圆的斜二轴测图

图 5-12 所示为平行于坐标面的圆的斜二轴测图，由图可知其特点：

（1）平行于坐标面 XOZ 的圆的斜二轴测图反映实形，仍为直径相同的圆。

（2）平行于坐标面 XOY、YOZ 的圆的斜二轴测图是椭圆，两个椭圆的作图比较复杂，这里不作介绍。

在斜二轴测图中，由于物体平行于 XOZ 坐标面的线段和图形都反映实长和实形，所以当物体的正面形状较复杂，具有较多圆或圆弧时，采用斜二轴测作图比较方便。

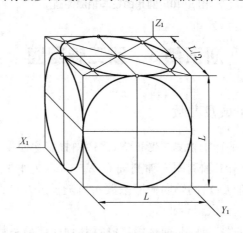

图 5-12　平行于坐标面的圆的斜二轴测图

【例题】　如图 5-13（a）所示，作压盖的斜二轴测图。

【分析】　从三视图可知，压盖单向形状复杂，在平行于侧面方向上有许多圆，所以选用斜二轴测作图比较简便。

【作图】

（1）在视图上确定坐标 OX、OY、OZ，为了使圆的轴测投影仍是圆，必须使左视图的端面平行于 XOZ 面，并确定前端面圆心 O_a、O_b。如图 5-13(a)所示。

（2）作出轴测轴 $O_1 X_1$、$O_1 Y_1$、$O_1 Z_1$，沿 $O_1 Y_1$ 由后向前分别量取 $OO_{a1} = OO_a/2$、$OO_{b1} = OO_b/2$，确定圆心，作出各端面圆。如图 5-13(b)所示。

（3）沿 $O_1 Y_1$ 确定凸缘部分圆心，作出各圆。如图 5-13(c)所示。

（4）作各圆切线及圆柱转向线。如图 5-13(d)所示。

（5）擦去多余的作图线，描粗加深，即得压盖的斜二轴测图。如图 5-13(e)所示。

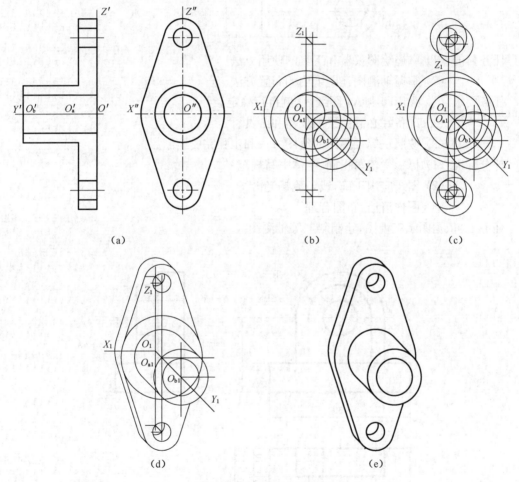

图 5-13　压盖的斜二轴测图

制图大作业

任务一：依据图示三视图，绘制正等轴测图。

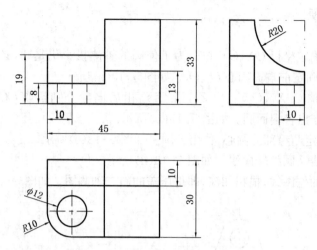

任务目的:(1) 掌握绘图仪器和工具的使用方法。

　　　　(2) 掌握轴测图在图纸内的布置方法。

任务要求:(1) 采用印刷 A4 图纸,比例自行确定。

　　　　(2) 准备好必需的绘图仪器和工具。

　　　　(3) 按照正等轴测图的绘图方法和步骤完成绘制。

评分标准:(1) 标题栏填写正确,字体书写规范。

　　　　(2) 图线应用正确,线条流畅光滑。

　　　　(3) 图样清洁,布图合理。

任务二:依据图示三视图,绘制斜二等轴测图。

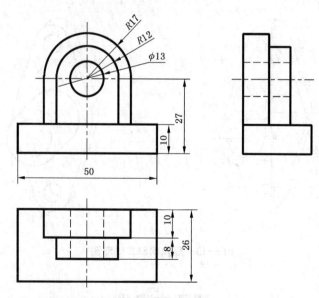

任务目的:(1) 掌握绘图仪器和工具的使用方法。

　　　　(2) 掌握斜二等轴测图在图纸内的布置方法。

任务要求:(1) 采用印刷 A4 图纸,比例自行确定。

　　　　(2) 准备好必需的绘图仪器和工具。

（3）按照斜二等轴测图的绘图方法和步骤完成绘制。

评分标准：（1）标题栏填写正确，字体书写规范。

（2）图线应用正确，线条流畅光滑。

（3）图样清洁，布图合理。

模块六

图样画法

【导读】

（2）目的要求　掌握机件剖视图绘图方法和步骤

（3）仪器工具　三角板、圆规、图纸、铅笔

（4）考核要求　用 A3 图纸，完成模块内容后的制图大作业。要求图线应用正确，线条流畅光滑，剖视图绘制、尺寸标注正确完整。

知识点 1　视　图

在机械制图中，将机件向多面投影体系作正投影所得的图形称为视图。国家标准《机械制图　图样画法　视图》(GB/T 4458.1—2002)对视图作了具体规定。

视图是机件向投影面投影所得的图形，主要用于表达机件的外部形状，一般只画机件的可见部分，必要时才画出其不可见部分。视图通常可分为基本视图、向视图、局部视图和斜视图。

6.1.1　基本视图

机件向基本投影面投射所得的视图称为基本视图。

基本投影面是在前面提到的正投影面、水平投影面和侧投影面的基础上，又分别增加了与它们平行的三个投影面，如图 6-1(a)所示。六个投影面构成正六面体，该六面体的每个面称

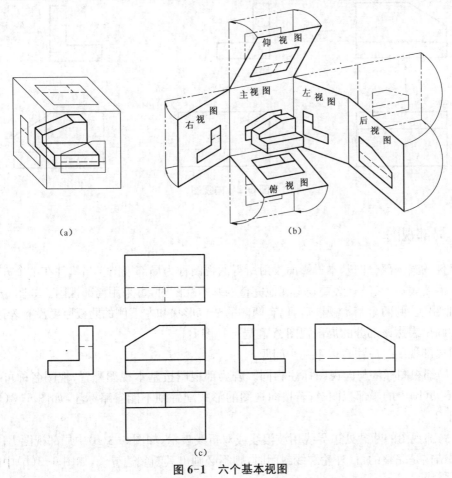

(a)　　　(b)

(c)

图 6-1　六个基本视图

为基本投影面。把机件放在六面体内,按第一分角投影法分别向基本投影面投射,得到六个基本视图,其名称分别为主视图、俯视图、左视图、后视图、仰视图和右视图。六个投影面的展开方式如图 6-1(b)所示,展开后六个基本视图的配置关系如图 6-1(c)所示。

当六个基本视图在同一张图纸内按图 6-1(c)配置时,不需标注视图名称。

(1) 六个基本视图的投影规律仍满足"长对正、高平齐、宽相等"的三等规律,即主、俯、仰、后视图等长,主、左、右、后视图等高,左、右、仰、俯视图等宽。

(2) 六个基本视图的方位对应关系仍然是:左、右、俯、仰视图靠近主视图的一面代表机件的后面,而远离主视图的一面代表机件的前面。

实际绘制图样时,应根据图样画法的需要,选用必要的基本视图,通常不需要将六个基本视图全部画出。

6.1.2　向视图

为了图纸中视图的布置,节约图纸空间,若某个视图不按如图 6-1(c)所示配置时,则应在视图的上方用大写英文字母 A、B 或 C 标注视图名称"×",在相应的视图附近用箭头指明投射方向,并注明相同的字母,如图 6-2 所示。这类自由配置的视图称为向视图。

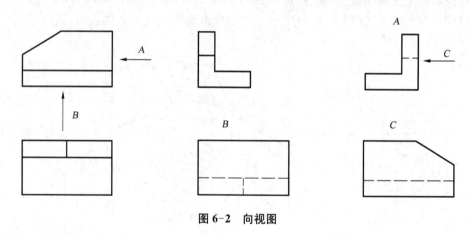

图 6-2　向视图

6.1.3　局部视图

将机件的某一部分向基本投影面投射所得的视图称为局部视图。当机件在某个方向仅有部分形状需要表达,又没有必要画出其他完整的基本视图时,可采用局部视图。如图 6-3 所示机件,在画出主、俯两个基本视图后,仍有两侧的凸台形状和左下侧的肋板厚度没有表达清楚,因此需要画出表达该部分的局部视图 A 和局部视图 B。

采用局部视图时应注意以下几个问题:

(1) 局部视图标注与向视图标注相同。若局部视图按基本视图配置,视图名称可省略标注,如图 6-3(b)中的局部视图 A;若按向视图的形式配置则不能省略标注,如图 6-3(b)中的局部视图 B。

(2) 局部视图的断裂处边界线用波浪线或双折线表示,如图 6-3(b)中局部视图 B;当所表示的局部结构是完整的,且外轮廓线封闭时,则不必画出其断裂边界线,如图 6-3(b)中的局部

视图 A。

(3) 波浪线表示机件的断裂边界,应画在实体上,不能超出机件的轮廓,如图 6-3(b)中的局部视图 B。

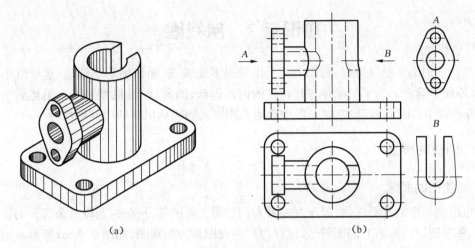

(a)   (b)

图 6-3 局部视图

6.1.4 斜视图

机件某一部分的结构形状是倾斜的,无法在基本投影面上表达该部分的真实形状时,将该部分倾斜结构向不平行于基本投影面的平面投射所得的视图称为斜视图。如图 6-4(b)所示。

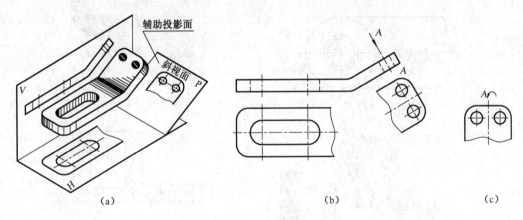

(a)   (b)   (c)

图 6-4 斜视图

画斜视图应注意以下几个问题:

(1) 斜视图一般只表达倾斜部分的局部形状,其余部分的结构不必画出。断开处用波浪线或对折线。

(2) 斜视图一般按投影关系配置,也可按向视图形式配置。无论如何配置,都要标注,即在图形上方中间位置用大写字母 A、B 或 C 标出视图名称"×",在相应的视图附近用箭头指明投射方向,并注明相同的字母。

（3）有时为使绘图方便,也可将图形旋转某一角度后再画出。但在标注时,须加注旋转符号"⌒"或"⌒"。旋转符号是半径为字高的半圆弧,箭头指向要与图形实际旋转方向一致,如图 6-4(c)所示。

知识点2 剖视图

当机件的内部形状复杂时,视图上就会出现很多虚线,从而使图形不清晰,这样既不便于绘图,又不便于读图。为了清晰地表达机件的内部形状,国家标准《机械制图 图样画法 剖视图和断面图》(GB/T 4458.6—2002)中规定采用剖视图表达机件的内部形状。

6.2.1 剖视的概念

1）剖视图的概念

假想用剖切面剖开机件,将处于观察者和剖切面之间的部分移去,而将其余部分向投影面上投射,并在剖切区域画上剖面符号,这样得到的视图称为剖视图,如图 6-5(d)所示。原主视图中表达内部结构形状的细虚线,在被剖切面剖开后的视图中成为粗实线。

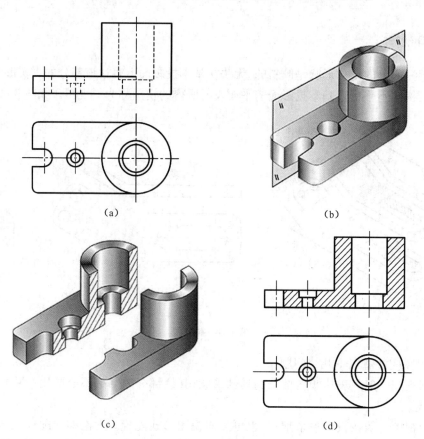

(a)　　　　　　　　　(b)

(c)　　　　　　　　　(d)

图 6-5 剖视图

在绘制剖视图时,应注意下列几个问题:

(1) 由于剖切是假想的,并非真的将机件切去一部分,因此将机件的某个视图画成剖视图,其他不剖切视图应该完整画出,如图 6-5(d)中的俯视图仍应完整画出。

(2) 为了清楚地表达机件内部结构形状,剖切面一般应通过机件的对称平面或较多的内部结构(孔、槽等)的轴线。如图 6-5(b)中剖切面通过机件的前后对称平面并平行正面投影面。

(3) 剖切面与机件重合部分称为剖面区域,国家标准《技术制图 图样画法 剖面区域的表示法》(GB/T 16453—2005)规定,剖面区域内要画剖面符号。不同材料的剖面符号,如表 6-1 所示。

表 6-1 剖面符号

材料名称	剖面符号	材料名称	剖面符号
金属材料(已有规定剖面符号者除外)	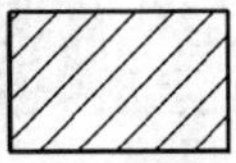	混凝土	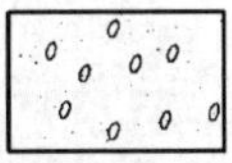
线绕组元件	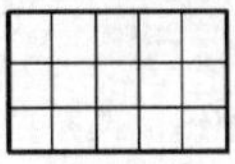	钢筋混凝土	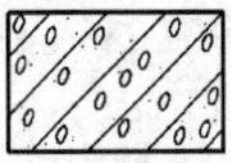
型砂、填砂、粉末冶金、砂轮、陶瓷刀片、硬质合金刀片等		木制胶合板(不分层数)	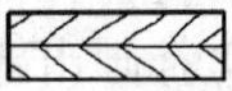
玻璃及供观察用的其他透明材料	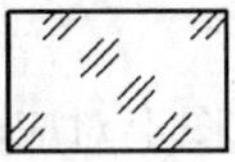	基础周围的泥土	
非金属材料(已有规定剖面符号除外)		格网(筛网、过滤网)	
砖	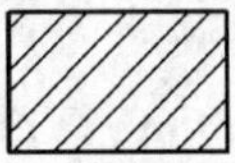	转子、电枢、变压器和电抗器等的叠钢片	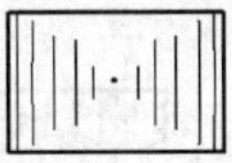
木材 纵剖面	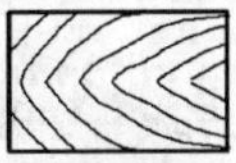	液体	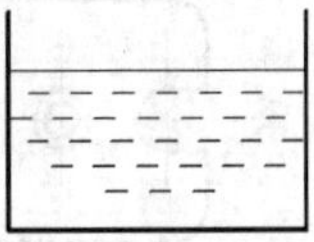
木材 横剖面			

金属材料的剖面符号为与剖面区域的主要轮廓线或剖面区域的对称线成 45°(通常画成与水平线成 45°),且间隔相等互相平行的细实线,这些细实线称为剖面线。同一机件在同一张图纸中的所有视图的剖面线的方向、间隔应相同,如图 6-6(a)所示。

但当图形中的主要轮廓线与水平线成 45°时,该图形的剖面线应画成与水平线成 30°或 60°的平行线,其倾斜方向仍然与其他视图中的剖面线保持一致,如图 6-6(b)所示。

2)剖视图的画法

下面以图 6-7 为例来说明画剖视图的方法和步骤。

(1) 确定剖切面的位置,为使摇臂主视图的内孔变成可见并反映真实大小,剖切面应通过摇臂的前后对称面,并平行于正面投影面,如图 6-7(b)所示。

(2) 画出与剖切面重合的实体部分——剖面区域,并在剖面区域画上剖面符号,如图 6-7

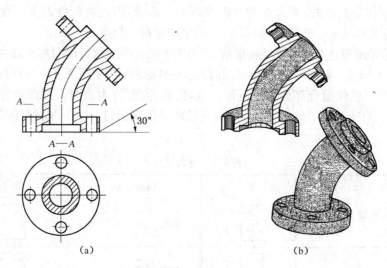

(a)　　　　　　　　　　　　　　(b)

图 6-6　剖面线的画法

(c)所示。

(3)补画出剖切面后的所有可见实体部分的投影,不可见部分一般不画出,如图 6-7(d)所示。

画剖视图时应注意下列问题:

(1)在剖视图上已表达清楚的内部结构,在其他视图上对应的细虚线可以省略不画。

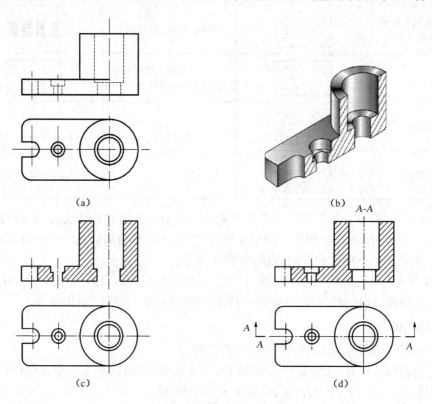

(a)　　　　　　　　　　　　　　(b)

(c)　　　　　　　　　　　　　　(d)

图 6-7　摇臂的剖视图画法

（2）剖视图是假想将机件剖开后，移去观察者与剖切面之间的部分，将剖切面后余下的部分向投影面投影得到的图形，所以剖切面后面的所有可见部分的投影应全部画出，不得遗漏。如图 6-7 中大小孔的台阶面投影不要遗漏，图 6-7(c)则为错误的画法。

3）剖视图的标注

剖视图标注的目的是帮助读图者判断剖切面的位置和剖切后的投射方向，以便找到各相应视图之间的投影关系。标注的内容有剖切面位置、投射方向和剖视图名称，如图 6-7(d)所示。

（1）剖切符号。用剖切符号表示剖切面的位置，剖切符号为长 5～10 mm 断开的粗短画，宽度为图中粗实线宽度，表示在剖切面的起止和转折位置。粗短画的两端，垂直画出箭头，表示剖切后的投射方向。

（2）剖视图名称。在剖视图的上方中间位置用大写英文字母 A、B 或 C 水平标出剖视图的名称"×—×"，并在剖切符号（投射箭头）的附近注写相同的符号"×"。

剖切符号尽可能不与图形的轮廓线相交，在它的起止和转折处应用相同的"×"标出，但当转折处位置有限又不致引起误解时允许省略标注。

下列情况中，剖视图的标注内容可省略或简化：

（1）当剖视图按投影关系配置，中间又没有其他图形隔开时，可省略箭头，如图 6-5(d)所示。

（2）当单一剖切面通过机件的对称平面或基本对称平面，且剖视图按投影关系配置，中间又没有其他图形隔开时，可省略标注，如图 6-5(d)所示。

6.2.2 剖切面的种类

根据机件结构形状的不同，剖视图的剖切面有三种：单一剖切面、几个平行的剖切面和几个相交的剖切面。

1）单一剖切面

用一个剖切面剖开机件称为单一剖切。单一剖切面可以是平行于某一基本投影面的平面，也可以是不平行于任何基本投影面的平面，还可以是柱面剖切。

当机件上倾斜的内部结构形状需要表达时，可使用不平行于任何基本投影面的剖切面剖开机件，移去观察者与剖切面之间的部分，将余下部分向平行于剖切面的附加投影面投射，这种剖切方法称为斜剖，如图 6-8 所示。

采用斜剖时，剖得的图形是斜置的，但在图形上方中间位置处标注的图名"×—×"与斜视图类似，必须水平书写。为看图方便，应尽量将剖视图配置在符合投影关系的位置上。为使画图方便，在不引起误解的情况下，允许将图形旋转，此时必须在图形上方中间位置水平标注"⌒"或"⌒"。

图 6-9 所示为采用单一剖切柱面获得的全剖视图。采用柱面剖切时，通常用展开画法，或采用简化画法，将剖切面后面机件的有关结构形状省略不画。

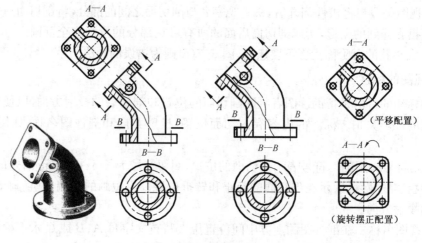

图 6-8　斜剖视图

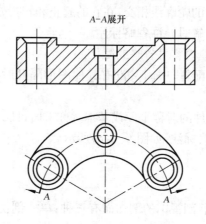

图 6-9　用柱面剖切机件

2）几个平行的剖切面

有些机件的内部结构较复杂,用单一剖切面不能将机件的内部机构都剖开,这时可采用几个相互平行的剖切面去剖开机件,此种剖切称为阶梯剖,如图 6-10 所示。

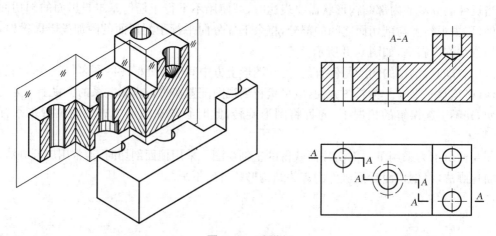

图 6-10　阶梯剖

阶梯剖适用于机件上孔或槽的轴线和中心线处在两个或多个相互平行的平面的情况。采用阶梯剖时,剖视图必须进行标注,在剖切面的起止和转折处用带相同字母的剖切符号表示剖切位置,用箭头表示投射方向,并标注视图名称。

采用阶梯剖时,应注意以下几点:

(1) 剖切面的转折处不应与图形轮廓线重合,如图 6-11(a)所示。

(2) 在剖视图上,不应画出剖切面转折处的投影,如图 6-11(b)所示。

(3) 在图形内一般不应出现不完整的要素,如图 6-11(c)所示,仅当两个要素在图形上具有公共对称中心线或轴线时,可以各画一半,此时应以对称中心线或轴线为界,如图 6-11(d)所示。

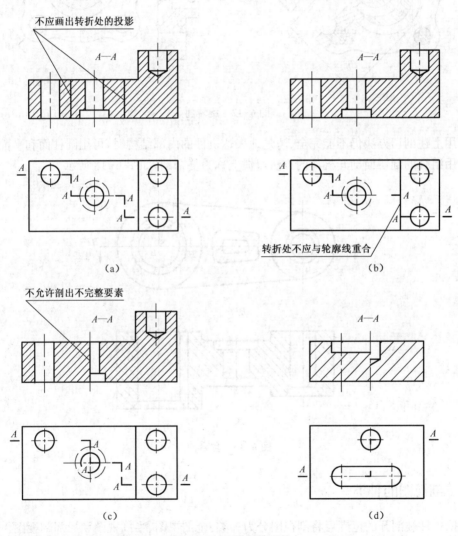

图 6-11　阶梯剖的画法

3) 几个相交的剖切面

用几个相交的剖切面剖开机件的方法称为旋转剖。

采用这种方法画剖视图时,先假设按剖切位置剖开机件,然后将剖切面剖开的结构及其有关部分旋转到与选定的投影面平行位置再进行投射。旋转剖一般用来表达盘类、端盖等一类具有回转轴线的机件,如图 6-12 所示。

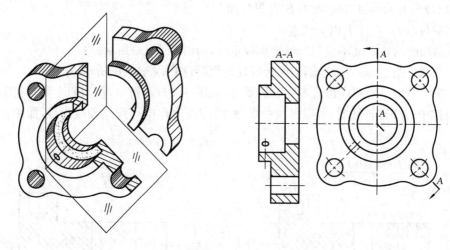

图 6-12　旋转剖

当用上述剖切方法仍不能完全、清楚地表达机件的内部结构时,可用圆柱面和平面剖切开机件。用组合的剖切面剖开机件的方法习惯上称为复合剖,如图 6-13 所示。

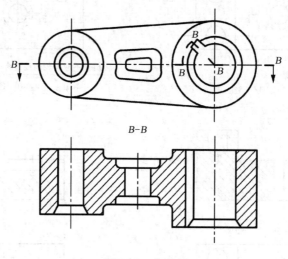

图 6-13　复合剖

6.2.3　剖视图的种类

根据机件被剖开的范围可将剖视图分为三类:全剖视图、半剖视图和局部剖视图。

1)全剖视图

用剖切面完全剖开机件所得的剖视图称为全剖视图。全剖视图主要用于表达内部结构复杂的不对称机件,如图 6-14 所示。

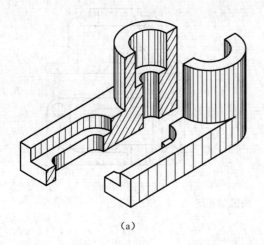

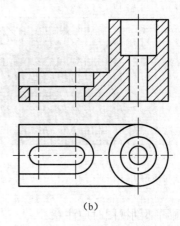

（a）   （b）

图 6-14　全剖视图

2）半剖视图

当机件具有对称结构形体时，在垂直对称平面的投影面上所得的图形，以对称中心线为界，一半画成剖视图，另一半画成视图，这样组合的图形称为半剖视图，如图 6-15 所示。

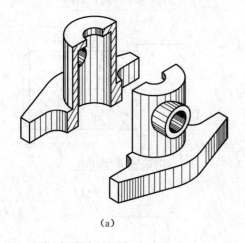

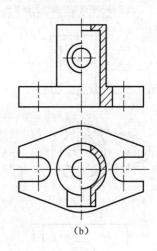

（a）   （b）

图 6-15　半剖视图的形成

画半剖视图时注意下列问题：

（1）半剖视图中，半个视图与半个剖视图之间应以对称中心线为界，对称中心的点画线不要画成粗实线，如图 6-15（b）所示。

（2）半个剖视图中已表达清楚了的内部结构，在另半个视图中，其相应的细虚线必须省略不画，如图 6-15（b）所示。

3）局部剖视图

用剖切面局部地剖开机件所得的剖视图称为局部剖视图，如图 6-16 所示。局部剖视图主要用来表达机件局部的内部形状。

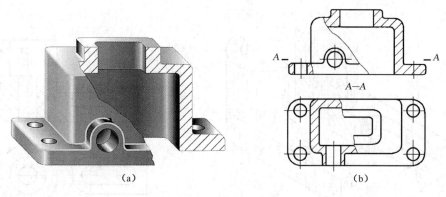

(a)

(b)

图 6-16 局部剖视图

画局部剖视图时应注意：

（1）局部剖视图中的机件剖与未剖部分的分界一般用波浪线或双折线表示。波浪线与双折线不应和图样上其他图线或其延长线重合，如图 6-17(a)、(b)所示；遇孔、槽时不能穿空而过，也不能超出视图的轮廓线，如图 6-17(c)所示；当被剖结构为回转体时，允许将结构的中心线作为局部剖视与视图的分界线，如图 6-17(d)所示。

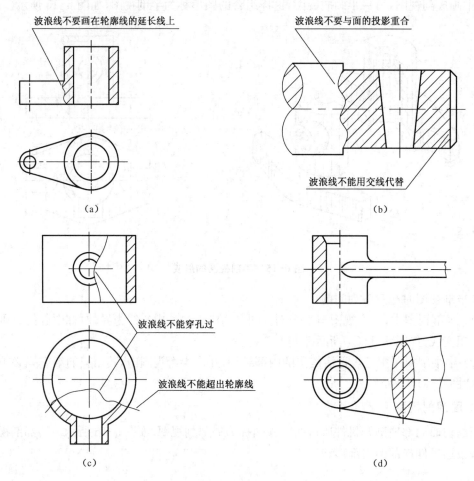

波浪线不要画在轮廓线的延长线上

波浪线不要与面的投影重合

(a)

波浪线不能用交线代替

(b)

波浪线不能穿孔过

波浪线不能超出轮廓线

(c)

(d)

图 6-17 局部剖视图波浪线的画法

（2）若具有对称结构的机件在对称面上有粗实线，不能采用半剖视图时，可用局部剖视图来表达。如图 6-18 中所示。

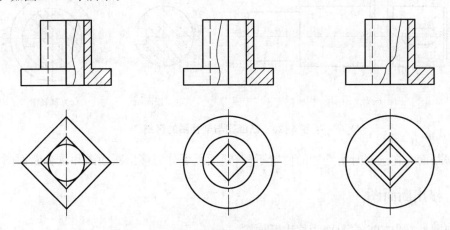

图 6-18 用局部剖视图表达机件

知识点 3 断面图

假想用剖切面将机件剖开，且仅画出剖切面与机件重合部分的图形，称为断面图。在断面图中，机件和剖切面重合的部分称为剖切区域。国家标准规定，在剖切区域内要画上剖面符号。如图 6-19 所示。

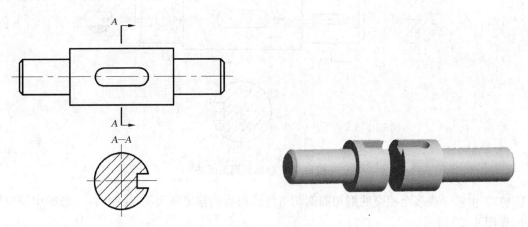

图 6-19 断面图

断面图与剖视图的区别在于断面图仅画出机件被切断处的断面形状，剖视图不仅要画出断面部分，而且还要画出剖切面后所有可见部分的投影，如图 6-20 所示。

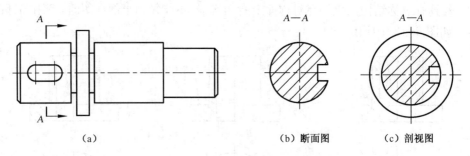

图 6-20　断面图与剖视图的区别

根据断面图在绘制时所配置的位置不同,断面图可分为移出断面图和重合断面图两种。

6.3.1　移出断面图

在视图外画出的断面图称为移出断面图。

1) 绘制移出断面图时应注意的问题

(1) 移出断面图配置在机件的视图外,其轮廓用粗实线绘制。移出断面图应尽量配置在剖切符号的延长线上,如图 6-21 所示。必要时,移出断面图可配置在其他适当位置,如图 6-21 中的 A—A 和 B—B 断面图。

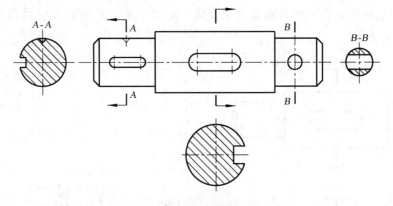

图 6-21　移出断面图画法

(2) 由两个或多个相交的剖切面剖切机件而得到的移出断面图,绘制时,图形的中间应断开,如图 6-22 所示。

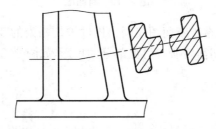

图 6-22　相交剖切面的移出断面图

（3）当剖切面通过回转面形成的孔或凹坑的轴线时，如图 6-23(a)所示，或者通过非圆孔会导致出现完全分离的剖面图形时，如图 6-23(b)所示，这些结构应按剖视图绘制。

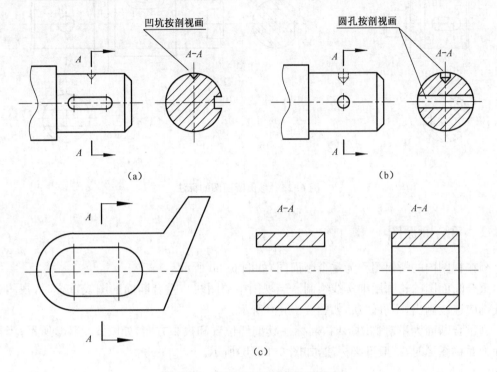

图 6-23 移出剖面图按剖视图绘制

（4）当断面图形对称时，可画在视图中断处，并可省略标注，如图 6-24 所示。

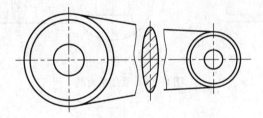

图 6-24 移出断面图配置在中断处

2）移出断面图的标注

一般要用剖切符号表示剖切面的位置，用箭头表示投射方向，并注出大写英文字母，在断面图的上方用同样的字母标出相应的名称"×—×"，如图 6-19 所示。

图中的剖切符号和字母在下述情况下可以省略：

（1）配置在剖切符号或剖切面迹线延长线的移出断面图，可省略断面图的名称和粗短画附近的字母，如图 6-25(a)所示。

（2）当不对称移出断面按投影关系配置，如图 6-25(b)中的 $B—B$ 断面，或移出断面对称时，如图 6-25(b)$A—A$ 断面，可省略表示投射方向的箭头。

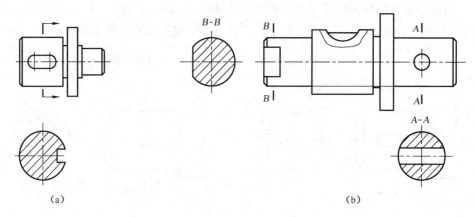

图 6-25   移出断面图的标注

6.3.2   重合断面图

画在视图内的断面图称为重合断面图,如图 6-26 所示。

重合断面图的轮廓用细实线绘制。当视图中的图线与重合断面的图线重叠时,视图中的图线仍应连续画出,不可间断,如图 6-26(a)所示。

当重合断面为不对称图形时,需标注其剖切位置和投影方向,如图 6-26(a)所示;当重合断面为对称图形时,一般不必标注,如图 6-26(b)所示。

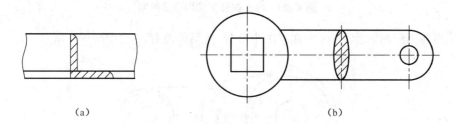

图 6-26   重合断面图

知识点 4   其他表示方法

机件除了视图、剖视图、断面图等表达方法以外,对机件上的一些特殊结构,还可以采用一些局部放大、规定画法和简化画法。

6.4.1   局部放大图

机件上某些细小结构在视图中表达的还不够清楚,或不便于标注尺寸时,可将这些部分用大于原图形所采用的比例画出,这种图称为局部放大图。如图 6-27 所示。

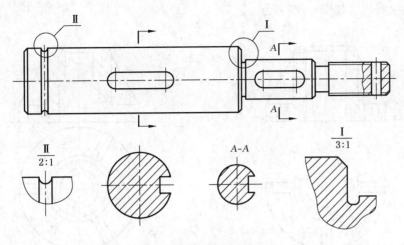

图 6-27 局部放大图（1）

绘制局部放大图应注意事项：

（1）局部放大图可画成视图、剖视图、断面图，它与被放大部分的表达方式无关。

（2）在画局部放大图时，应当用细实线圈出被放大部位。

（3）局部放大图应尽量画在被放大部位附近。当同一机件有几个被放大部分时，必须用罗马数字依次标明被放大的部位，并在局部放大图的上方标出相应的罗马数字和采用的比例，该比例为局部放大图尺寸与实际物体尺寸的比例。

6.4.2 简化画法

（1）机件上的肋板、轮辐及薄壁等结构，如果纵向剖切则不要画剖面符号，而且用粗实线将它们与其相邻结构分开，如图 6-28 左视图所示；但是，如果是横向剖切就应该画剖面符号，如图 6-28 俯视图所示。

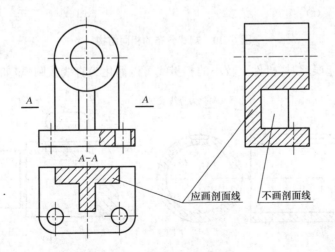

图 6-28 肋板的剖视画法

当回转体上均匀分布的肋板、轮辐、孔等结构不处于剖切平面上时，可将这些结构假想旋转到剖切平面上画出。如图 6-29 所示。

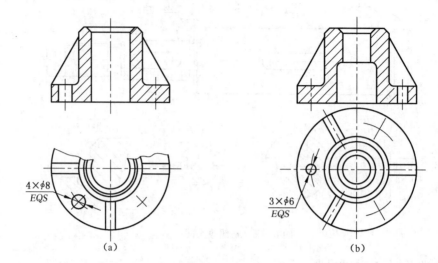

图 6-29　均匀分布的肋板、孔的剖切画法

（2）当机件具有若干相同结构（如孔、槽等），并按一定规律分布时，只需画出几个完整的结构，其余用细实线连接，但在零件图中必须注明结构的总数，如图 6-30 所示。

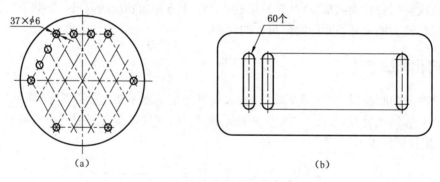

图 6-30　规律分布的相同结构

（3）在不致引起误解时，机件上较小的相贯线可以简化为直线或圆弧，如图 6-31 所示。

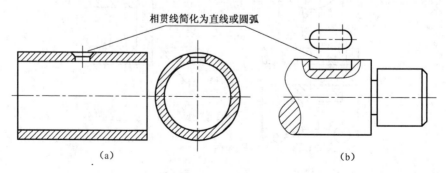

图 6-31　相贯线的简化画法

（4）当回转体机件上的小平面在图形中不能充分表达时,可用相交的两条细实线表示,如图 6-32 所示。

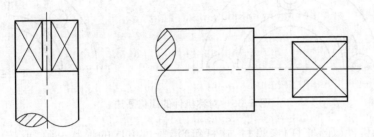

图 6-32　回转体机件上小平面的画法

（5）在不会引起误解时,机件上的小倒角或小圆角允许省略不画,但必须注明其尺寸或在技术要求中加以说明,如图 6-33 所示。

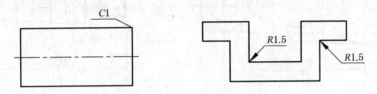

图 6-33　小倒角和小圆角的简化画法

（6）对投影面倾斜角度等于或小于 30° 的圆或圆弧,在该投影面上的投影可用圆或圆弧代替,如图 6-34 所示。

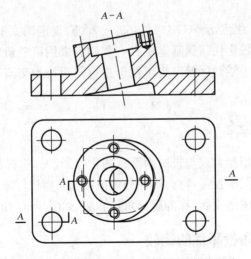

图 6-34　倾斜角度小于 30° 的圆的简化画法

（7）在不致引起误解时,对于对称机件的视图可只画出一半或四分之一,并在对称中心线的两端画出两条与其垂直的平行细实线,如图 6-35 所示。

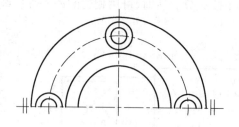
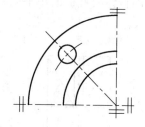

图 6-35 对称机件的简化画法

（8）较长的机件（如轴、杆件、型材、连杆等）沿长度方向的形状一致，或按一定规律变化时，可断开后缩短绘制，但必须按照原来的实际长度标注出尺寸，如图 6-36 所示。

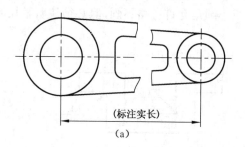

（a）

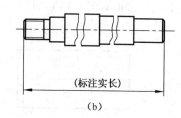

（b）

图 6-36 断裂画法

知识点 5 第三角画法简介

国家标准《技术制图 投影法》（GB/T 14692—2008）规定国家工程技术人员在绘制技术图样时应该采用第一分角投影法。国际上也有一些国家采用第三角画法，如美国、加拿大、澳大利亚以及我国的台湾和香港地区等。为了便于进行国际技术交流，本节对第三角投影作简单介绍。

6.5.1 第三角投影的概念

绘制机械图样时应采用投射线与投影面垂直的正投影法。将机件置于第一分角内，并使其处于观察者和投影面之间的投影，称为第一分角投影法。将机件放置在第三分角内，并使投影面处于观察者和机件之间的投影，称为第三角投影法，如图 6-37 所示。

6.5.2 第三角与第一角投影法的比较

（1）第一角投影法把被表达的机件放在投影面与观察者之间，而第三角投影法是将投影面放在机件与观察者之间。

（2）视图配置不同。第三角投影法将俯视图放置在主视图的正上方，而将仰视图放置在主视图的正下方，将左视图置放在主视图的正左方，将右视图放置在主视图的正右方，后视图的置放位置与第一角画法相同，如图 6-38 所示。

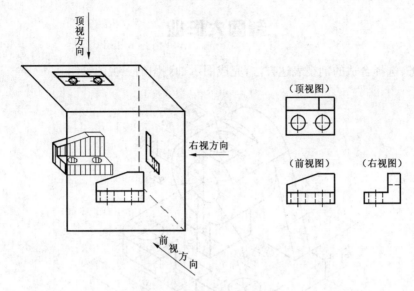

图 6-37　第三角画法原理

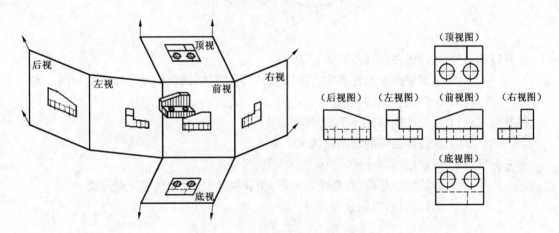

图 6-38　第三角投影法展开及视图配置

　　国际标准 ISO 5456 规定,第一角投影法和第三角投影法等效使用。为便于识别,特规定了识别符号,国家标准规定当采用第三角投影法时必须画出其识别符号。如图 6-39 所示,该识别符号画在图纸的标题栏内。

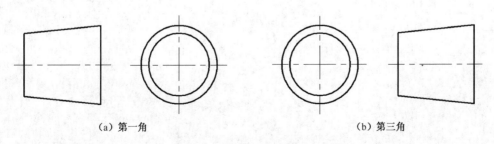

图 6-39　第一角、第三角画法的标志符号

制图大作业

任　　务:选择合适的剖视表达方法,完成图示轴测图的三视图绘制。

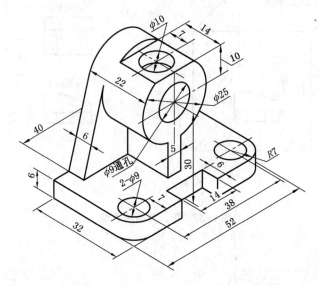

任务目的:(1) 练习机件剖视图表达方法。

　　　　　(2) 掌握制图国家标准中有关图幅、比例、字体、图线和尺寸标注的运用。

　　　　　(3) 掌握剖视图的画法。

任务要求:(1) 采用印刷 A3 图纸,比例自行确定。

　　　　　(2) 准备好必需的绘图仪器和工具。

评分标准:(1) 标题栏填写正确,字体书写规范。

　　　　　(2) 图线应用正确,线条流畅光滑,剖视图绘制、尺寸标注正确完整。

　　　　　(3) 图样清洁,布图合理。

模块七

标准件和常用件

【导 读】

知识点

（1）螺纹形成的基本要素、种类和螺纹紧固件及其连接画法
（2）键、销的种类和作用
（3）齿轮的种类和作用，懂得模数的意义
（4）常见的几种滚动轴承的名称、类型、结构形式及代号
（5）弹簧的用途和种类

技能点

（1）熟练掌握螺纹的规定画法和标记
（2）掌握键和销的连接画法和标记
（3）识记滚动轴承的简化画法和示意画法
（4）熟练掌握齿轮及其啮合的规定画法
（5）掌握螺旋弹簧的规定画法

教学重点

（1）螺纹的规定画法和标记
（2）键和销的连接画法和标记
（3）滚动轴承的简化画法和示意画法
（4）直齿圆柱齿轮及其啮合的规定画法
（5）螺旋弹簧的规定画法

教学难点

（1）直齿圆柱齿轮啮合的规定画法
（2）直齿锥齿轮、蜗杆和蜗轮的规定画法

▶考核任务

(1) 任务内容　螺纹紧固件连接画法或直齿圆柱齿轮啮合的规定画法

(2) 目的要求　掌握螺纹紧固件连接画法或齿轮啮合的绘图方法和步骤

(3) 仪器工具　三角板、圆规、图纸、铅笔

(4) 考核要求　用 A3 图纸,完成模块内容后的制图大作业

知识点 1　螺　纹

国家标准《机械制图　螺纹及螺纹紧固件表示法》(GB/T 4459.1—1995)对螺纹的基本要素、有关术语、公差带代号、表示方法、标注方法以及螺纹紧固件的画法作了具体规定,工程技术人员在绘制螺纹及其螺纹紧固件时应严格按照国标要求进行画图。

7.1.1　螺纹的形成

螺纹是在回转体表面上沿螺旋线所形成的具有相同剖面形状(如三角形、矩形、锯齿形等)的连续凸起(又称牙)和沟槽。螺纹在螺钉、螺栓、螺母和丝杠上起连接或传动作用。在圆柱(或圆锥)外表面所形成的螺纹称为外螺纹;在圆柱(或圆锥)内表面所形成的螺纹称内螺纹。

形成螺纹的加工方法很多,如在车床上车削内、外螺纹,也可用成形刀具(如板牙、丝锥)加工,如图 7-1 所示。

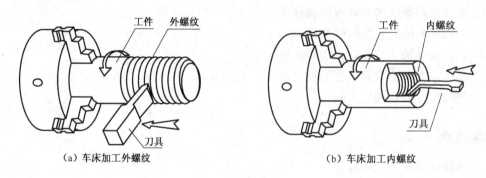

（a）车床加工外螺纹　　　　　　　　（b）车床加工内螺纹

图 7-1　螺纹加工方法

对于加工直径比较小的内螺纹,先用钻头钻出光孔,再用丝锥攻丝,因钻头的钻尖顶角为 118°,所以不通孔的锥顶角应画成 120°,如图 7-2 所示。

7.1.2　螺纹的基本要素

螺纹由牙型、直径、线数、螺距和导程、旋向五个要素确定。内、外螺纹相互旋合时,内、外螺纹的五个要素必须完全相同,否则不能旋合。

1) 牙型

螺纹的牙型是指通过螺纹轴线剖切面上所得到的断面轮廓形状,螺纹的牙型标志着螺纹

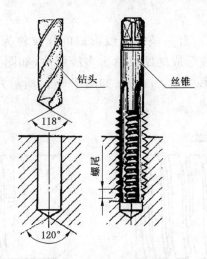

图 7-2 丝锥加工内螺纹

的特征。常见的螺纹牙型有三角形、梯形、锯齿形、矩形等,如图 7-3 所示。

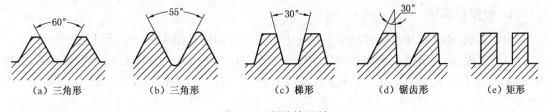

| (a) 三角形 | (b) 三角形 | (c) 梯形 | (d) 锯齿形 | (e) 矩形 |

图 7-3 螺纹的牙型

2) 直径

螺纹的直径有大径、小径和中径三种,如图 7-4 所示。

(1) 螺纹大径指与外螺纹牙顶或内螺纹牙底相重合的假想圆柱的直径,大径又称公称直径。内螺纹的大径用 D 表示;外螺纹的大径用 d 表示。

(2) 螺纹小径指与外螺纹牙底或内螺纹牙顶相重合的假想圆柱的直径。内螺纹的小径用 D_1 表示;外螺纹的小径用 d_1 表示。

(3) 螺纹中径指母线通过牙型上沟槽和凸起宽度相等处的假想圆柱的直径。内螺纹的中径用 D_2 表示;外螺纹的中径用 d_2 表示。

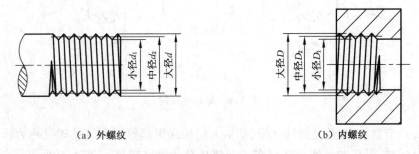

| (a) 外螺纹 | (b) 内螺纹 |

图 7-4 螺纹的直径

3）线数

螺纹有单线和多线之分。沿一条螺旋线形成的螺纹称为单线螺纹；沿两条或两条以上，在轴上等距分布的螺旋线形成的螺纹称为多线螺纹，如图 7-5 所示。螺纹的线数用 n 表示，如图 7-5(a)所示为单线螺纹，$n=1$；如图 7-5(b)所示为多线螺纹，$n=2$。

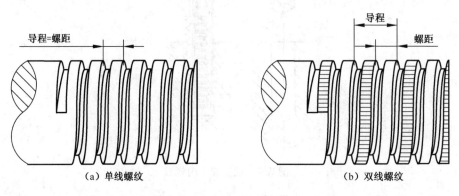

（a）单线螺纹　　　　　　　　　　（b）双线螺纹

图 7-5　螺纹的线数、导程和螺距

4）螺距和导程

（1）螺距：相邻两牙在螺纹基本中径线上对应两点间的轴向距离叫螺距，用 P 表示。

（2）导程：同一条螺纹上相邻两牙在螺纹基本中径线上对应两点间的轴向距离叫导程，用 P_h 表示。对单线螺纹，$P_h=P$；对多线螺纹，导程＝螺距×线数，即 $P_h=P \times n$。如图 7-5 所示。

5）旋向

螺纹按其形成时的旋向，分为右旋螺纹和左旋螺纹两种，顺时针旋转旋入的螺纹，称为右旋螺纹；逆时针旋转旋入的螺纹，称为左旋螺纹。工程上常用右旋螺纹，如图 7-6 所示。

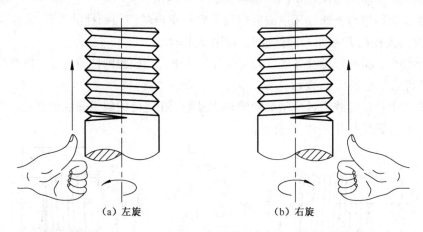

（a）左旋　　　　　　　　　　　（b）右旋

图 7-6　螺纹的旋向

在螺纹五个要素中，凡是螺纹牙型、基本大径和螺距都符合标准的螺纹称为标准螺纹；螺纹牙型符合标准，而基本大径、螺距不符合标准的称为特殊螺纹；若螺纹牙型不符合标准，则称为非标准螺纹。国家标准规定，除非特殊要求，应采用标准螺纹。

7.1.3 螺纹的规定画法

1)外螺纹的画法

(1)螺纹的大径和螺纹终止线用粗实线绘制,螺纹的小径用细实线绘制,倒角或倒圆的细实线也应画出,如图 7-7(a)所示。

(2)在投影为圆的视图中,基本大径用粗实线画圆,基本小径通常画成 $0.75d$,用细实线画 3/4 圈,倒角圆省略不画,如图 7-7(a)、(b)所示。

(3)在剖视图中,螺纹终止线只画出基本大径和基本小径之间的部分,剖面线应画到粗实线处,如图 7-7(b)所示。

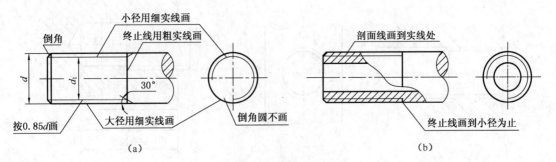

图 7-7 外螺纹的画法

螺尾部分一般不必画出,当需要表示螺尾时,螺尾部分的牙底用与轴线成 $30°$ 的细实线绘制,如图 7-7(c)所示。

2)内螺纹的画法

(1)内螺纹一般用剖视图表示,如图 7-8(a)所示。在剖视图中,内螺纹的大径用细实线绘制,小径和螺纹终止线用粗实线绘制,剖面线必须终止于粗实线。在投影为圆的视图中,基本

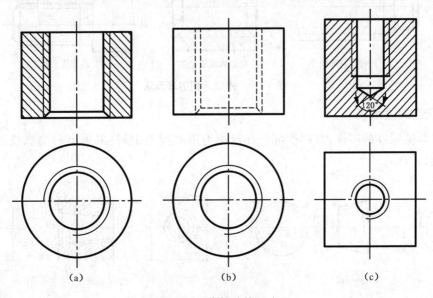

图 7-8 内螺纹的画法

小径画粗实线圆,基本大径画细实线圆,只画 3/4 圈,倒角圆省略不画。

(2) 内螺纹未被剖切时,其基本大径、基本小径和螺纹终止线均用虚线表示,如图7-8(b)所示。

(3) 绘制不穿通的螺孔时,一般应将钻孔深度与螺纹部分的深度分别画出,钻孔顶端应画成 120°,如图 7-8(c)所示。

3) 螺纹连接的规定画法

当内、外螺纹连接构成螺纹副时,在剖视图中,如图 7-9 所示,其旋合部分应按外螺纹的画法绘制,其余部分仍按各自的画法表示。注意使内螺纹的大径与外螺纹的大径、内螺纹的小径与外螺纹的小径分别对齐,剖面线画至粗实线处。

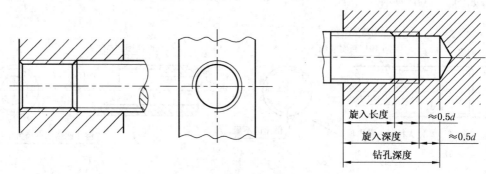

图 7-9　螺纹连接的画法

4) 螺纹牙型的表示法

螺纹的牙型一般不需要在图形中画出,当需要表示螺纹的牙型时,可按图 7-10 的形式绘制。

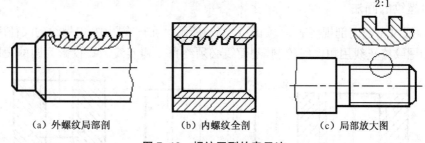

(a) 外螺纹局部剖　　　(b) 内螺纹全剖　　　(c) 局部放大图

图 7-10　螺纹牙型的表示法

5) 圆锥螺纹画法

具有圆锥螺纹的零件,其螺纹部分在投影为圆的视图中,只需画出一端螺纹视图,如图7-11 所示。

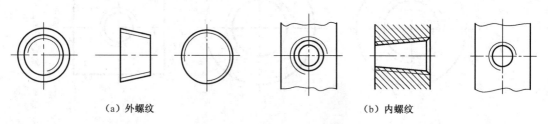

(a) 外螺纹　　　　　　　　　　(b) 内螺纹

图 7-11　　圆锥螺纹的画法

7.1.4 螺纹的种类及标注

1）螺纹的种类

螺纹按用途，可分为连接螺纹和传动螺纹。

连接螺纹有普通螺纹和管螺纹两类，其中普通螺纹又分为粗牙螺纹和细牙螺纹。细牙普通螺纹多用于细小的精密零件或薄壁零件，或者是承受冲击、振动载荷的零件上；而管螺纹多用于水管、油管、煤气管道等。

传动螺纹有梯形螺纹和锯齿形螺纹等，主要用于传递动力和运动。常用的是梯形螺纹，在一些特定情况下也用锯齿形螺纹，见表 7-1。

表 7-1 常用螺纹的种类、牙型、代号和用途

螺纹分类及特征符号			牙型及牙型角	说 明
连接螺纹	普通螺纹	粗牙普通螺纹（M）	60°	用于一般零件的连接，是应用最广泛的连接螺纹
		细牙普通螺纹（M）		对同样的公称直径，细牙螺纹比粗牙螺纹的螺距要小，多用于精密零件、薄壁零件的连接
	管螺纹	55°非密封管螺纹（G）	55°	常用于低压管路系统连接的旋塞等管件附件中
		55°密封管螺纹	圆锥外螺纹（R）	55°	适用于密封性要求高的水管、油管、煤气管等中、高压的管路系统中
			圆锥内螺纹（R_c）		
			圆柱内螺纹（R_p）		
传动螺纹		梯形螺纹（Tr）	30°	用于须承受两个方向轴向力的场合，如各种机床的传动丝杆等
		锯齿形螺纹（B）	3° 30°	用于只承受单向轴向力的场合，如虎钳、千斤顶的丝杠等

2）螺纹的标注

国家标准规定，螺纹在按照规定画法绘制后，为识别螺纹的种类和要素，对螺纹必须按规定格式进行标注。

（1）普通螺纹的标注

普通螺纹的标注格式：

螺纹代号－螺纹公差带代号－旋合长度代号

① 螺纹代号内容及格式。

螺纹特征代号 M＋公称直径×螺距＋旋向。粗牙普通螺纹的螺距省略标注。当螺纹为左旋时，用"LH"表示；右旋螺纹，"旋向"省略标注。

② 螺纹公差带代号包括中径公差带代号与顶径公差带代号。

螺纹公差带代号由表示其大小的公差等级数字和基本偏差字母组成，如 6H、6g 等。

中径公差带代号与顶径公差带代号不相同则要分别标注，如 M20-5g6g；若两者相同，则只标注一个代号，如 M20-6g。

有关螺纹公差带的详细情况请查阅相关手册。

③ 旋合长度代号。

螺纹旋合长度是指两个相互旋合的螺纹，沿螺纹轴线方向相互旋合部分的长度。普通螺纹旋合长度分短旋合长度(S)、中旋合长度(N)、长旋合长度(L)三种。当旋合长度为 N 时，省略标注。

例如，M20-5g6g-L 表示公称直径为 20 mm 的粗牙普通螺纹（外螺纹），右旋，中径公差带代号为 5g，顶径公差带代号为 6g，长旋合长度。

例如，M10×1LH-6H 表示公称直径为 10 mm、螺距为 1 mm 的细牙普通螺纹（内螺纹），左旋、中径和顶径公差带代号都为 6H，中等旋合长度。

螺纹副标记形式：M20-5H/5g6g-S，如图 7-12 所示。

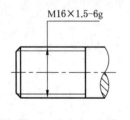
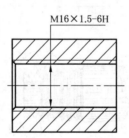
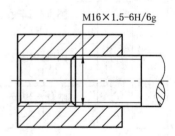

图 7-12　普通螺纹的标注

（2）管螺纹的标注

管螺纹的标注格式：螺纹特征代号＋尺寸代号＋公差等级－旋向。

管螺纹的螺纹特征代号见表 7-1 表示。尺寸代号是指管子通径"吋"的数值，不是螺纹大径；对 55°密封外管螺纹可标注公差等级，公差等级有 A、B 两种，其他管螺纹的公差等级只有一种，可省略标注；旋向代号中，若为右旋可不标注，若为左旋，用"LH"来注明。

例如，G1/2-LH 表示用于 55°非密封圆柱管螺纹，尺寸代号为 1/2，左旋。

管螺纹标注要用指引线的形式进行标注，指引线应从大径线上引出，且不得与剖面线平行。管螺纹副仅标注外螺纹的标记符号。如图 7-13 所示。

图 7-13 管螺纹的标注

（3）传动螺纹的标注

传动螺纹的标注格式：螺纹代号—螺纹公差带代号—螺纹旋合长度代号。

传动螺纹的螺纹代号由特征代号（Tr 或 B）和尺寸代号及旋向组成。若为右旋，"旋向"省略标注；若为左旋，用"LH"注明。单线梯形螺纹尺寸代号用"公称直径×螺距"来表示，多线梯形螺纹尺寸代号用"公称直径×导程（P 螺距）"来表示。传动螺纹公差带代号只标注中径公差带代号；按尺寸和螺距的大小分为中等旋合长度（N）和长旋合长度（L）两种。当旋合长度为 N 时，省略标注。

例如：Tr40×8-8H-L 表示公称直径为 40 mm、螺距为 8 mm 的单线右旋梯形螺纹（内螺纹），中径公差带代号为 8H，长旋合长度。

例如：Tr40×14(P7)LH-7e 表示公称直径为 40 mm、导程为 14 mm、螺距为 7 mm 的双线左旋梯形螺纹（外螺纹），中径公差带代号为 7e，中旋合长度，标注如图 7-14（a）所示。

例如：B32×7-7c 表示公称直径尺寸为 32 mm、螺距为 7 mm 的右旋锯齿形螺纹（外螺纹），中径公差带代号为 7c，中旋合长度，标注如图 7-14（b）所示。

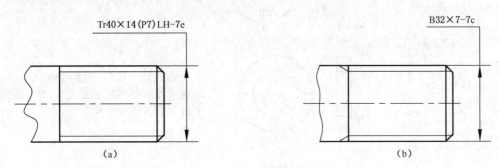

图 7-14 传动螺纹标注

知识点 2　螺纹紧固件

7.2.1　常用螺纹紧固件的种类及标记

螺纹紧固件是起连接和紧固作用的零件。螺纹紧固件的种类很多，常用的有螺栓、双头螺柱、螺母、螺钉、垫圈等，它们的结构形式及尺寸均已标准化，使用时可按需要根据有关国家标准查找选用。

国家标准规定,螺纹紧固件一般主要标记名称、标准编号、螺纹规格、性能等级。常用螺纹紧固件及其规定标记如表7-2所示。

表7-2 常用螺纹紧固件及其标记

名称及标准编号	图　例	标记示例及说明
六角头螺栓—— A级和B级 GB/T 5772—2000		螺栓　GB/T 5772　M16×70 表示A级六角头螺栓,螺纹规格 M16,公称长度 70 mm
双头螺柱 GB/T 797—1977		螺柱　GB/T 797　M10×50 表示两端均为粗牙普通螺纹,螺纹规格 M10,公称长度 50 mm,B型,$b_m = d$ 的双头螺柱
开槽沉头螺钉 GB/T 67—2000		螺钉　GB/T 67　M10×60 表示开槽沉头螺钉,螺纹规格 M10,公称长度 60 mm
开槽长圆柱端螺钉 GB/T 75—1975		螺钉　GB/T 75　M5×25 表示开槽长圆柱端螺钉,螺纹规格 M5,公称长度 25 mm
I 型六角螺母—— A级和B级 GB/T 6170—2000		螺母　GB/T 6170　M16 表示A级I型六角螺母,螺纹规格 M16
平垫圈 GB/T 97.1—2002		垫圈　GB/T 97.1　12—140HV 表示A级平垫圈,螺纹规格 M12,性能等级为 140HV 级
弹簧垫圈 GB/T 93—1977		垫圈　GB/T 93　20 表示标准型弹簧垫圈,螺纹规格 M20

7.2.2　常用螺纹紧固件及连接的画法

画螺纹紧固件视图,可以先从国家标准中查出螺纹各个部分的尺寸,然后按规定画图。但为了简化作图,螺纹紧固件一般用比例画法绘制。所谓比例画法,就是以螺栓上螺纹的公称直径为主要参数,其余各部分结构尺寸均按与公称直径成一定比例关系绘制。

1）螺纹紧固件的画法

常用螺纹紧固件的比例画法如图 7-15 所示。

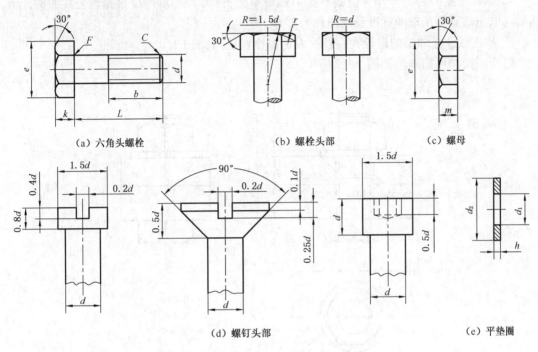

(a) 六角头螺栓　　　　　(b) 螺栓头部　　　　　(c) 螺母

(d) 螺钉头部　　　　　　　　　　　(e) 平垫圈

图 7-15　螺纹紧固件的画法

2）螺纹紧固件连接的画法

螺纹紧固件连接的基本形式有螺栓连接、双头螺柱连接、螺钉连接,如图 7-16 所示。

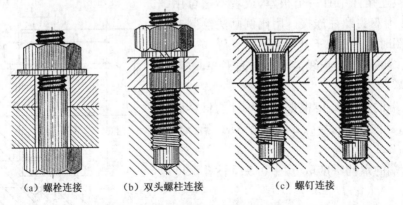

(a) 螺栓连接　　　(b) 双头螺柱连接　　　(c) 螺钉连接

图 7-16　螺纹紧固件连接的基本形式

（1）螺栓连接

用比例画法画螺栓连接的装配图时,应注意以下几点:

① 两被连接零件的接触表面只画一条线,并画到螺栓的大径处。不接触的表面,不论间隙大小,都应画出间隙(如螺栓和孔之间应画出间隙)。

② 剖切平面通过螺栓轴线时,螺栓、螺母、垫圈可按不剖绘制,仍画外形。必要时,可采用局部剖视。

③ 两零件相邻接时,不同零件的剖面线方向应相反,或者方向一致而间隔不等。

④ 螺栓长度 $L \geqslant t_1 + t_2 +$ 垫圈厚度 $+$ 螺母厚度 $+ (0.2 \sim 0.3)d$,根据该公式的估计值,然后选取与估算值相近的标准长度值作为 L 值。

⑤ 被连接件上加工的螺栓孔直径稍大于螺栓直径,取 $1.1d$。

螺栓连接的比例画法如图 7-17 所示。

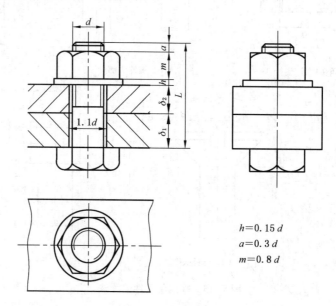

$h = 0.15d$
$a = 0.3d$
$m = 0.8d$

图 7-17 螺栓连接图

(2) 双头螺柱连接

当两个被连接件中有一个很厚,或者不适合用螺栓连接时,常用双头螺柱连接。用比例画法绘制双头螺柱的装配图时应注意以下几点:

① 旋入端的螺纹终止线应与结合面平齐,表示旋入端已经拧紧。

② 旋入端的长度 b_m 要根据被旋入件的材料而定(钢 $b_m = 1d$,铸铁或铜 $b_m = (1.25 \sim 1.5)d$,铝合金等轻金属 $b_m = 2d$)。

③ 旋入端的螺孔深度取 $b_m + 0.5d$,钻孔深度取 $b_m + d$。

④ 螺柱的公称长度 $L \geqslant \delta +$ 垫圈厚度 $+$ 螺母厚度 $+ (0.2 \sim 0.3)d$,然后选取与估算值相近的标准长度值作为 L 值。

双头螺柱连接的比例画法见图 7-18 所示。

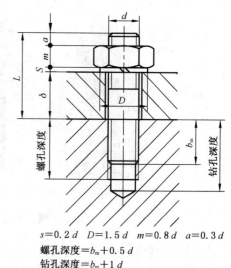

$s = 0.2d$ $D = 1.5d$ $m = 0.8d$ $a = 0.3d$
螺孔深度 $= b_m + 0.5d$
钻孔深度 $= b_m + 1d$

图 7-18 双头螺柱连接的装配画法

（3）螺钉连接

螺钉连接一般用于受力不大又不需要经常拆卸的场合。用比例画法绘制螺钉连接，其旋入端与螺柱相同，被连接板的孔部画法与螺栓相同，被连接板的孔径取 $1.1d$。螺钉的有效长度 $L = \delta + b_m$，并根据标准校正。画图时注意以下两点：

① 螺钉的螺纹终止线不能与结合面平齐，而应画在盖板的范围内。

② 具有沟槽的螺钉头部，在主视图中应被放正，在俯视图中规定画成 45°倾斜。

螺钉连接的比例画法见图 7-19 所示。

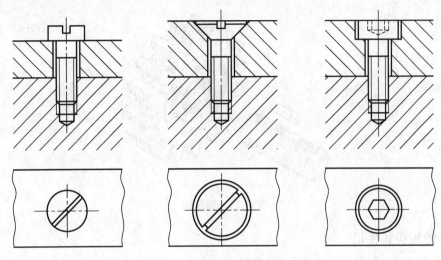

图 7-19　螺钉连接的比例画法

（4）螺纹紧固件的简化画法

标准规定，在装配图中，螺纹紧固件的某些结构允许按简化画法绘制，如螺栓、螺柱、螺钉末端的倒角，螺栓头部和螺母的倒角，可省略不画，如图 7-20 所示。

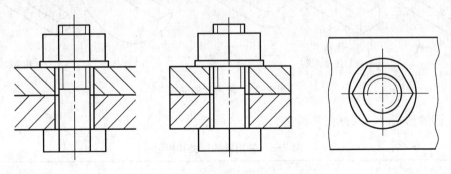

图 7-20　螺纹紧固件的简化画法

知识点 3 键与销

7.3.1 键及其连接画法

键是用来连接轴和安装在轴上的齿轮、带轮、凸轮等传动零件,使轴与传动零件之间不发生相对转动,起传递转矩作用的零件。如图 7-21 所示。

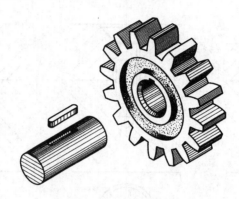

图 7-21 键连接

1）键的种类和标记

键的种类很多,常用的有普通平键、半圆键和钩头楔键等,普通平键分 A 型、B 型、C 型三种,如图 7-22 所示。

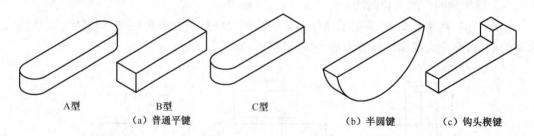

A型 B型 C型
（a）普通平键 （b）半圆键 （c）钩头楔键

图 7-22 常用键的形式

常用键的形式、尺寸、标记和画法如表 7-3 所示。

表 7-3 常用键的种类和标记

名称及标准	图 例		标 记
普通平键 A 型 GB/T 1096—2003			键 $b \times l$ GB/T 1096—2003

续表 7-3

名称及标准	图　例	标　记
半圆键 GB/T 1099—2003	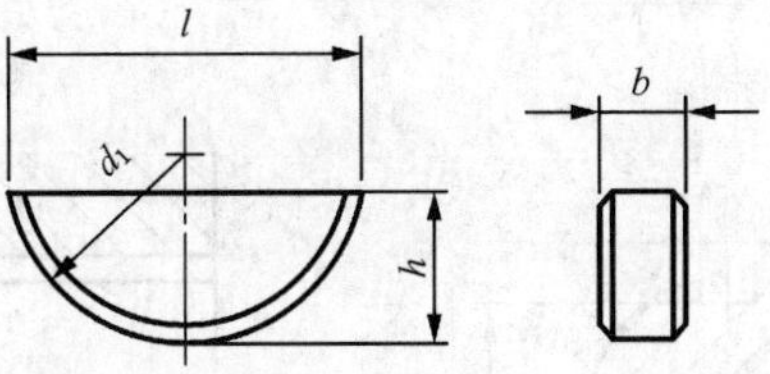 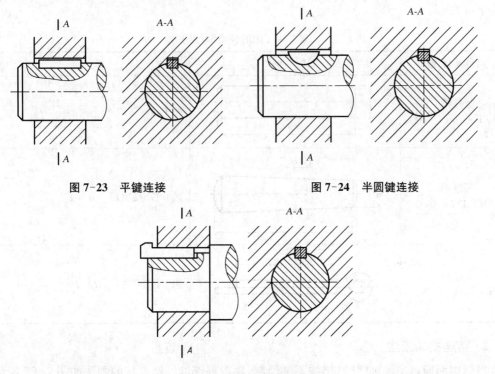	键 $b \times d_1$ GB/T 1099—2003
钩头楔键 GB/T 1565—2003	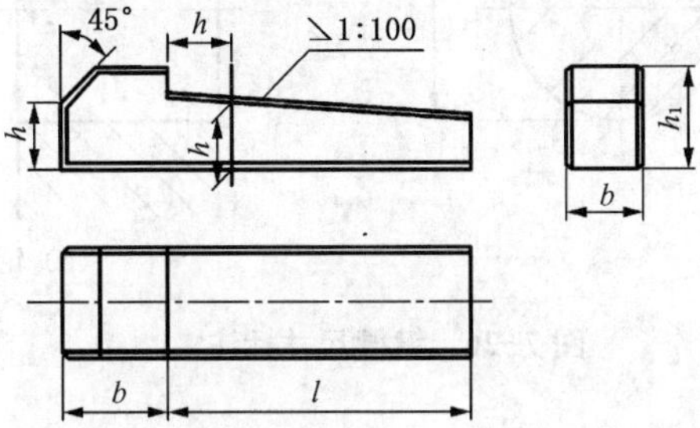	键 $b \times l$ GB/T 1565—1979

2）键连接的画法

普通平键和半圆键的两个侧面是工作面，所以键与键槽侧面之间应不留间隙；而键顶面是非工作面，它与轮毂的键槽顶面之间应留有间隙，如图 7-23、图 7-24 所示。

图 7-23　平键连接　　　　　　　　　　　图 7-24　半圆键连接

图 7-25　钩头楔键连接

钩头楔键的顶面有 1：100 的斜度，连接时将键打入键槽，因此，键的顶面和底面为工作面，画图时，上、下表面及两个侧面与键槽接触，如图 7-25 所示。

3）轴和轮毂上键槽的画法和尺寸标注

键和键槽尺寸可根据轴的直径在附录中查得，轴和轮毂上键槽的画法和尺寸标注如图 7-26 所示。

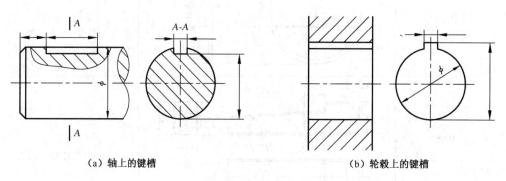

（a）轴上的键槽　　　　　　　　　　　　（b）轮毂上的键槽

图 7-26　键槽尺寸标注

7.3.2　销及其连接画法

1）销的种类和标记

销用于零件间的连接或定位。常用的销有圆柱销、圆锥销和开口销等，它们的种类和标记如表 7-4 所示。

表 7-4　销的种类和标记

名称及标准	图　例	标　记
圆柱销 GB/T 119.1—2000		销 GB/T 119.1　$d \times l$
圆锥销 GB/T 117—2000	1:50	销　GB/T 117　$d \times l$
开口销 GB/T 91—2000		销　GB/T 91　$d \times l$

2）销连接的画法

当剖切面通过销的轴线时，销按不剖绘制，轴取局部剖。销连接的画法如图 7-27 所示。

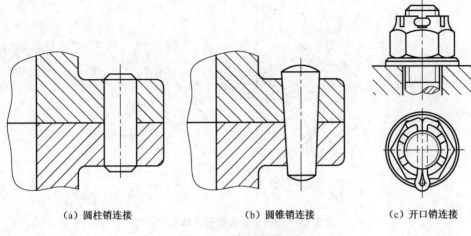

（a）圆柱销连接　　　　　（b）圆锥销连接　　　　　（c）开口销连接

图 7-27　销连接的画法

知识点 4　齿轮

齿轮是机械设备中的重要传动零件，应用非常广泛。齿轮的作用是将主动轴的转动传送到从动轴上，以完成传递动力、改变转速或方向的作用。

常用的齿轮按结构不同分为圆柱齿轮、圆锥齿轮、蜗轮蜗杆；按齿轮轮齿方向的不同分为直齿、斜齿、人字齿等。如图 7-28 所示。

（a）直齿圆柱齿轮　　　　（b）圆锥齿轮　　　　（c）蜗杆蜗轮

图 7-28　常见的齿轮传动

7.4.1　圆柱齿轮

1）直齿圆柱齿轮各部分名称和尺寸

直齿圆柱齿轮的齿向与齿轮轴线平行，图 7-29 所示为相互啮合的两直齿圆柱齿轮各部分名称和代号。

（1）齿顶圆直径 d_a：过轮齿齿顶的圆柱面与端平面的交线称为齿顶圆，其直径用 d_a 表示。

（2）齿根圆直径 d_f：过轮齿齿根的圆柱面与端平面的交线称为齿根圆，其直径用 d_f 表示。

（3）分度圆直径 d：对于渐开线齿轮，过齿厚弧长 s 与齿槽弧长 e 相等处的圆柱面，称为分

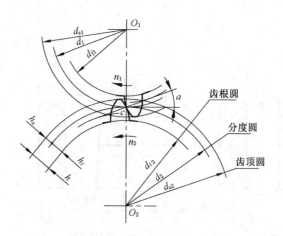

图 7-29 圆柱齿轮各部分名称及代号

度圆柱面。分度圆柱面与端平面的交线称为分度圆,其直径用 d 表示。

（4）齿高 h：齿顶圆与齿根圆之间的径向距离,用 h 表示；齿顶高 h_a 是齿顶圆与分度圆之间的径向距离；齿根高 h_f 是齿根圆与分度圆之间的径向距离,且 $h = h_a + h_f$。

（5）齿距 p：分度圆上相邻两齿对应点之间的弧长,用 p 表示。

（6）压力角 α：在端平面内,过端面齿廓与分度圆交点的径向直线与齿廓在该点的切线所夹的锐角,用 α 表示。国家标准规定采用的分度圆压力角为 20°。

（7）模数 m：若齿轮的齿数用 z 表示,则分度圆的周长为 $\pi d = pz$,即 $d = pz/\pi$,式中 π 为无理数。为了计算和测量方便,令 $m = p/\pi$,称 m 为模数,其单位为 mm。

模数是设计和制造齿轮的一个重要参数。国家标准中规定了齿轮模数的标准数值,如表 7-5 所示。

表 7-5 圆柱齿轮的标准模数（GB/T 1357—2007）

第一系列	1 1.25 1.5 2 2.5 3 4 5 6 7 10 12 16 20 25 32 40 50
第二系列	1.75 2.25 2.75 （3.25） 3.5 （3.75） 4.5 5.5 （6.5） 7 9 （11） 14 17 22 27 （30） 36 45

（8）传动比 i：主动齿轮转速 n_1（r/min）与从动齿轮转速 n_2（r/min）之比称为传动比,即 $i = n_1/n_2$。由于主动齿轮和从动齿轮单位时间里转过的齿数相等,即 $n_1 z_1 = n_2 z_2$,因此,传动比 i 也等于从动齿轮齿数 z_2 与主动齿轮齿数 z_1 之比,即：$i = n_1/n_2 = z_2/z_1$。

（9）中心距 a：两啮合齿轮中心之间的距离。

标准直齿圆柱齿轮各部分尺寸的计算公式如表 7-6 所示。

表 7-6 直齿圆柱齿轮各基本尺寸的计算公式

名　称	代　号	计算公式
分度圆直径	d	$d_1 = mz_1$；　　　　$d_2 = mz_2$
齿顶圆直径	d_a	$d_{a1} = m(z_1 + 2)$；　　$d_{a2} = m(z_2 + 2)$
齿根圆直径	d_f	$d_{f1} = m(z_1 - 2.5)$；　　$d_{f2} = m(z_2 - 2.5)$

续表 7-6

名　称	代　号	计算公式
齿高	h	$h = h_a + h_f = 2.25m$
齿顶高	h_a	$h_a = m$
齿根高	h_f	$h_f = 1.25m$
齿距	p	$p = \pi m$
中心距	a	$a = \dfrac{1}{2}(d_1 + d_2) = \dfrac{m}{2}(z_1 + z_2)$
传动比	i	$i = \dfrac{n_1}{n_2} = \dfrac{d_2}{d_1} = \dfrac{z_2}{z_1}$

2）圆柱齿轮的规定画法

（1）单个圆柱齿轮画法

齿顶圆和齿顶线用粗实线绘制；分度圆和分度线用细点画线绘制；齿根圆和齿根线用细实线绘制，也可省略不画；在剖视图中，齿根线用粗实线绘制。画圆柱斜齿轮和圆柱人字齿轮时，可用三条与轮齿方向一致的细实线表示轮齿方向，如图 7-30 所示。

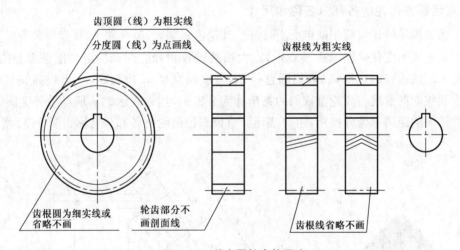

齿顶圆（线）为粗实线

分度圆（线）为点画线

齿根线为粗实线

齿根圆为细实线或省略不画

轮齿部分不画剖面线

齿根线省略不画

图 7-30　单个圆柱齿轮画法

（2）直齿圆柱齿轮啮合图的画法

在圆柱齿轮啮合的剖视图中，当剖切面通过两啮合齿轮的轴线时，在啮合区内，两个齿轮的齿根线均用粗实线绘制；将一个齿轮的齿顶线用粗实线绘制，另一个齿轮的齿顶线用虚线绘制；节圆线（分度圆线）用点画线绘制。如图 7-31（a）所示。

在垂直于圆柱齿轮轴线的投影面上的视图中，啮合区内的齿顶圆均用粗实线绘制；在平行于齿轮轴线的投影面上的外形视图中，啮合区只用粗实线画出节线，齿顶线和齿根线均不画；在两齿轮其他处的节线仍用细点画线绘制，如图 7-31（b）所示。

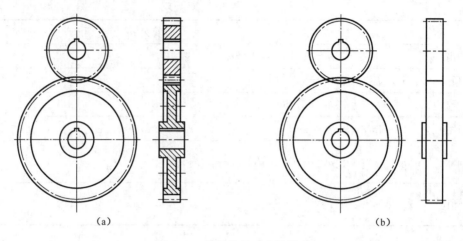

（a）   （b）

图 7-31　圆柱齿轮啮合的画法

7.4.2　圆锥齿轮

圆锥齿轮用于传递相交两轴间的回转运动，以两轴相交成直角的圆锥齿轮传动应用最广泛。

1）直齿圆锥齿轮的各部分名称和尺寸

由于圆锥齿轮的轮齿位于圆锥面上，因此，其轮齿一端大，另一端小，其齿厚和齿槽宽等也随之由大到小逐渐变化。国家标准规定，以大端的模数和分度圆来决定其他各部分的尺寸。圆锥齿轮大端的齿顶圆直径 d_a、齿根圆直径 d_f、分度圆直径 d、齿顶高 h_a、齿根高 h_f 和齿高 h 等。分度圆锥面的素线与齿轮轴线间的夹角称为分锥角，用 δ 表示。从顶点沿分度圆锥面的素线至背锥面的距离称为外锥距，用 R 表示。直齿圆锥齿轮的各部分名称如图 7-32 所示。

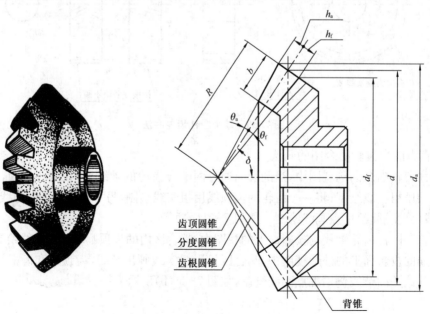

图 7-32　直齿圆锥齿轮的各部分名称

标准直齿圆锥齿轮各基本尺寸的计算公式见表9-7。

表 7-7　直齿圆锥齿轮的计算公式

名　称	代　号	计算公式
分度圆锥角	δ_1（小齿轮） δ_2（大齿轮）	$\tan\delta_1 = \dfrac{z}{z_2}$；$\tan\delta_2 = \dfrac{z_2}{z_1}$ （$\delta_1 + \delta_2 = 90°$）
分度圆直径	d	$d = mz$
齿顶圆直径	d_a	$d_a = m(z + 2\cos\delta)$
齿根圆直径	d_f	$d_f = m(z - 2.4\cos\delta)$
齿高	h	$H = h_a + h_f = 2.2m$
齿顶高	h_a	$h_a = m$
齿根高	h_f	$h_f = 1.2m$
外锥距	R	$R = \dfrac{mz}{2\sin\delta}$
齿顶角	θ_a	$\tan\theta_a = \dfrac{2\sin\delta}{z}$
齿根角	θ_f	$\tan\theta_f = \dfrac{2.4\sin\delta}{z}$
齿宽	b	$b \leqslant \dfrac{R}{3}$

2）直齿圆锥齿轮的画法

（1）单个直齿圆锥齿轮的画法

单个直齿圆锥齿轮的画法与圆柱齿轮的画法基本相同。主视图多用全剖视图,左视图中大端、小端齿顶圆用粗实线画出,大端分度圆用细点画线画出,齿根圆和小端分度圆规定不画,如图 7-33 所示。

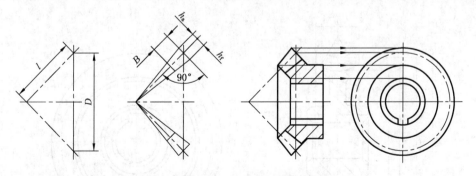

图 7-33　单个直齿圆锥齿轮画法

（2）直齿圆锥齿轮啮合的画法,如图 7-34 所示。

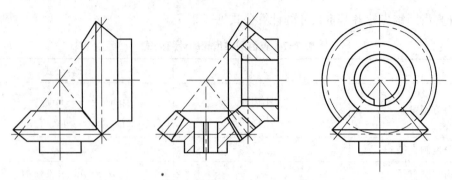

图 7-34　直齿圆锥齿轮啮合的画法

7.4.3　蜗杆、蜗轮简介

1）蜗杆的规定画法

蜗杆的形状如梯形螺杆,轴向剖面齿形为梯形,顶角为 $40°$,一般用一个视图表达。它的齿顶线、分度线、齿根线画法与圆柱齿轮相同,牙型可用局部剖视或局部放大图画出。具体画法见图 7-35 所示。

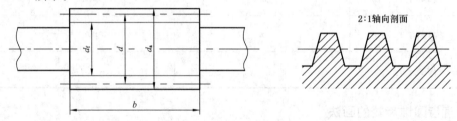

图 7-35　蜗杆的规定画法

2）蜗轮的规定画法

蜗轮的画法与圆柱齿轮基本相同。在投影为圆的视图中,轮齿部分只需画出分度圆和齿顶圆,其他圆可省略不画,其他结构形状按投影绘制,如图 7-36 所示。

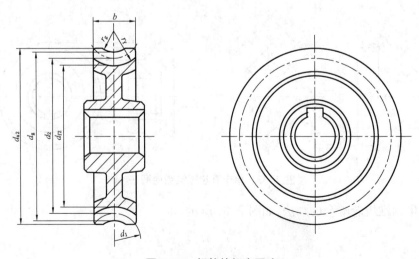

图 7-36　蜗轮的规定画法

3) 蜗杆、蜗轮的啮合画法

在主视图中，蜗轮被蜗杆遮住的部分不必画出。在左视图中，蜗轮的分度圆与蜗杆的分度线应相切，如图 7-37 所示。

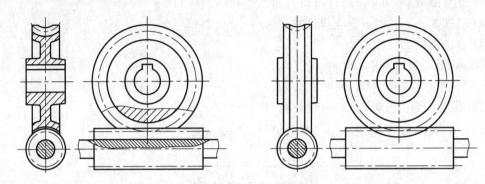

图 7-37　蜗杆、蜗轮的啮合画法

知识点 5　弹　簧

弹簧是机械、电器设备中一种常用的零件，主要用于减震、夹紧、储存能量等。弹簧的种类很多，常见的有圆柱螺旋弹簧、碟形弹簧、板弹簧和涡卷弹簧等，如图 7-38 所示，其中使用较多的是圆柱螺旋弹簧。圆柱螺旋弹簧又分为圆柱压缩弹簧、圆柱拉伸弹簧和圆柱扭转弹簧三种。本节主要介绍圆柱螺旋压缩弹簧的尺寸计算和规定画法。

（a）圆柱弹簧　　　（b）碟形弹簧　　　　（c）涡卷弹簧　　　　（d）板弹簧

图 7-38　圆柱弹簧

7.5.1　圆柱螺旋压缩弹簧各部分名称及尺寸关系

圆柱螺旋压缩弹簧由钢丝绕成，一般将两端并紧后磨平，使其端面与轴线垂直，便于支承，并紧磨平的若干圈不产生弹性变形，称为支撑圈。弹簧中参加弹性变形进行有效工作的圈数，称为有效圈数 n。弹簧并紧磨平后在不受外力情况下的全部高度，称为自由高度 H_0。圆柱螺旋压缩弹簧的参数如图 7-39 所示。

（1）弹簧钢丝直径 d。

（2）弹簧外径 D。

（3）弹簧内径 D_1，$D_1 = D - 2d$。

（4）弹簧中径 D_2，$D_2 = D - d$。

（5）弹簧节距 t。

（6）有效圈数 n。

（7）支撑圈数 n_2，共有 1.5、2、2.5 三种。

（7）总圈数 n_1，$n_1 = n +$ 支撑圈数。

（9）自由高度 H_0。

支撑圈数 n_2 为 2.5 时，$H_0 = nt + 2d$；

支撑圈数 n_2 为 2 时，$H_0 = nt + 1.5d$；

支撑圈数 n_2 为 1.5 时，$H_0 = nt + d$。

（10）弹簧丝展开长度 $L = n_1 \sqrt{(\pi D_2)^2 + t^2} \approx n_1 \pi D_2$。

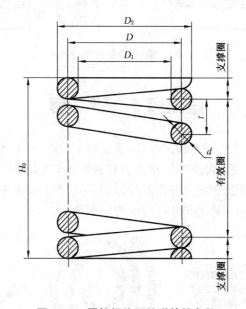

图 7-39　圆柱螺旋压缩弹簧的参数

7.5.2　圆柱螺旋压缩弹簧的规定画法

1）圆柱螺旋压缩弹簧的规定画法

国家标准《机械制图　弹簧表示法》(GB/T 4459.4—2003)对弹簧的画法作了如下规定：

（1）螺旋弹簧在平行于轴线的投影面上所得的图形，可画成视图，也可画成剖视图，其各圈的螺旋线应画成直线。

（2）螺旋弹簧均可画成右旋，但对左旋的螺旋弹簧，不论画成左旋或右旋，一律要注出旋向"左"字。

（3）有效圈数在四圈以上时，可只画出两端的 1～2 圈，中间各圈可省略不画。省略中间各圈后，允许缩短图形长度，并将两端用细点画线连起来。

（4）不论支撑圈是多少，均可按支撑圈为 2.5 圈绘制。

2）圆柱螺旋压缩弹簧的表示方法

圆柱螺旋压缩弹簧的表示方法有剖视、视图和示意画法，如图 7-40 所示。

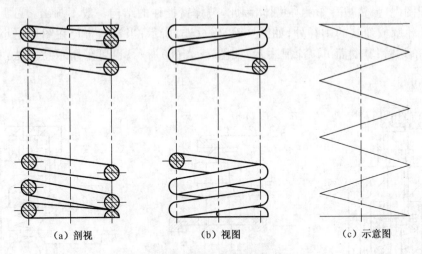

(a) 剖视　　　　　　　(b) 视图　　　　　　　(c) 示意图

图 7-40　圆柱螺旋压缩弹簧的表示法

3）圆柱螺旋压缩弹簧的绘图步骤

已知钢丝直径 d，弹簧外径 D，弹簧节距 t，有效圈数 n，支撑圈数，右旋，画图步骤如图 7-41 所示。

（1）根据计算出的弹簧中径及自由高度 H_0 画出矩形 $ABCD$，如图 7-41(a) 所示。

（2）在 AB、CD 中心线上画出弹簧支撑圈的圆，如图 7-41(b) 所示。

（3）画出两端有效圈弹簧丝的剖面，在 AB 上，由点 1 和点 4 量取节距 t 得到两点 2、3，然后从线段 12 和 34 的中点作水平线与对边 CD 相交于两点 5、6；以点 1、2、3、5、6 为中心，以钢丝直径画圆，如图 7-41(c) 所示。

（4）按右旋方向作相应圆的公切线，擦去多余的线条，即完成作图，如图 7-41(d) 所示。图 7-41(e) 为剖视图。

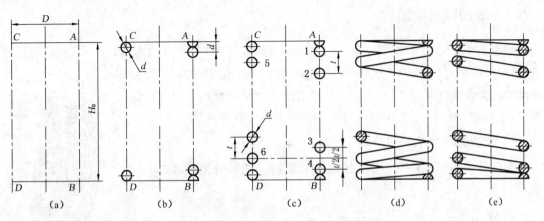

(a)　　　　(b)　　　　(c)　　　　(d)　　　　(e)

图 7-41　圆柱螺旋压缩弹簧的绘图步骤

7.5.3 圆柱螺旋压缩弹簧在装配中的简化画法

在装配图中,弹簧被看作实心物体,因此,被弹簧挡住的结构一般不画出。可见部分应画至弹簧的外轮廓或弹簧的中径处,如图 7-42(a)、(b)所示;当簧丝直径在图形上小于或等于 2 mm 并被剖切时,其剖面可以涂黑表示,如图 7-42(b)所示;也可采用示意画法,如图 7-42(c)所示。

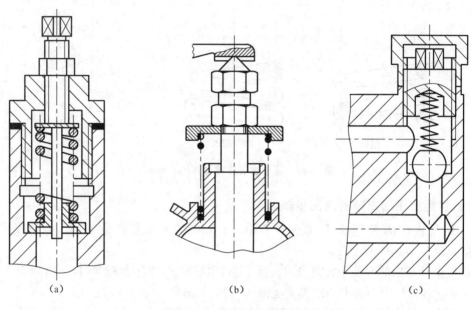

(a)　　　　　　　(b)　　　　　　　(c)

图 7-42　装配图中弹簧画法

知识点 6　滚动轴承

7.6.1　滚动轴承的结构

滚动轴承是用来支承旋转轴的部件,结构紧凑,摩擦阻力小,能在较大的载荷、较高的转速下工作,转动精度较高,在机械设备中应用十分广泛。国家标准《机械制图 滚动轴承表示法》(GB/T 4459.7—1997)对滚动轴承的结构及尺寸已经标准化,由专业厂家生产,选用时应根据国家标准查阅有关参数。

1) 滚动轴承的结构和分类

滚动轴承一般由外圈、内圈、滚动体和保持架四部分组成,如图 7-43 所示。

2) 滚动轴承的分类

滚动轴承的种类很多,按承受载荷的方向可分为三种:

(1) 向心轴承——主要承受径向载荷,常用的向心轴承如深沟球轴

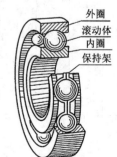

图 7-43　滚动轴承的结构

承,如图 7-44(a)所示。

　　(2) 向心推力轴承——同时承受轴向和径向载荷,常用的如圆锥滚子轴承,如图 7-44(b)所示。

　　(3) 推力轴承——只承受轴向载荷,常用的推力轴承如推力球轴承,如图 7-44(c)所示。

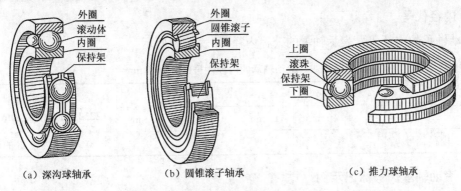

　　　(a) 深沟球轴承　　　　　(b) 圆锥滚子轴承　　　　　(c) 推力球轴承

图 7-44　滚动轴承的分类

7.6.2　滚动轴承的代号

　　滚动轴承是一种标准件,它的结构特点、类型和内径尺寸等,均采用代号来表示。滚动轴承的代号一般打印在轴承的端面上,轴承代号由前置代号、基本代号、后置代号构成,其排列顺序如下:

$$\boxed{前置代号} \quad \boxed{基本代号} \quad \boxed{后置代号}$$

　　前置代号和后置代号是轴承在结构形状、尺寸、公差、技术要求等有改变时,在其基本代号左、右添加的补充代号。具体情况可查阅有关的国家标准。

　　基本代号表示滚动轴承的基本类型、结构及尺寸,是滚动轴承代号的基础。基本代号由轴承类型代号、尺寸系列代号和内径代号构成(滚针轴承除外),其排列顺序如下:

$$\boxed{基本代号} \quad = \quad \boxed{类型代号} \quad \boxed{尺寸系列代号} \quad \boxed{内径代号}$$

1) 类型代号

滚动轴承类型代号用阿拉伯数字或大写英文字母表示,如表 7-8 所示。

表 7-8　滚动轴承的类型代号

代号	轴承类型	代号	轴承类型
0	双列角接触球轴承	6	深沟球轴承
1	调心球轴承	7	角接触球轴承
2	调心滚子轴承和推力调心滚子轴承	8	推力圆柱滚子轴承
3	圆锥滚子轴承	N	圆柱滚子轴承
4	双列深沟球轴承	U	外球面球轴承
5	推力球轴承	QJ	四点接触球轴承

2）尺寸系列代号

尺寸系列代号由滚动轴承的宽（高）度系列代号和直径系列代号组合而成，用两位数字表示，它主要用来区别内径相同而宽（高）度和外径不同的轴承。详细情况请查阅有关标准。

3）内径代号

滚动轴承的内径代号表示轴承的公称内径，如表 7-9 所示。

表 7-9　滚动轴承的内径代号（10～470 mm）

内径 d 的尺寸	10～17 mm				20～470 mm（22.27 mm 和 32 mm 除外）
	10 mm	12 mm	15 mm	17 mm	
内径代号	00	01	02	03	04～96（内径/5 的商）

4）滚动轴承代号标记示例

6207　左起第一位数 6 表示类型代号，为深沟球轴承；第二位数 2 表示尺寸系列代号；宽度系列代号 0 省略，直径系列代号为 2。后两位数 07 表示内径代号，$d=7\times5=40$ mm。

31307　左起第一位数 3 表示类型代号，为圆锥滚子轴承；第二位数 1 表示宽度系列代号；第三位数 3 表示直径系列代号。后两位数 07 表示内径代号，$d=7\times5$ mm＝35 mm。

标记为：滚动轴承　31307 GB/T 297

7.6.3　滚动轴承的画法

国家标准规定滚动轴承可以采用简化画法或规定画法，简化画法又分为通用画法和特征画法两种。表 7-10 中列举了三种滚动轴承的画法及有关尺寸比例。

1）简化画法

用简化画法绘制滚动轴承时，可采用通用画法和特征画法的其中一种画法。

（1）通用画法　在剖视图中，当不需要确切地表示滚动轴承的外形轮廓、载荷特性、结构特征时，可用矩形线框以及位于线框中央正立的十字形符号来表示。矩形线框和十字形符号均用粗实线绘制，十字形符号不应与矩形线框接触。

（2）特征画法　在剖视图中，如果需要比较形象地表示滚动轴承的结构特征时，可采用在矩形线框内画出其结构要素符号的方法表示。特征画法的矩形线框、结构要素符号均用粗实线绘制。

2）规定画法

必要时，滚动轴承可采用规定画法绘制。采用规定画法绘制滚动轴承的剖视图时，轴承的滚动体不画剖面线，其各套圈等可画成方向和间隔相同的剖面线，滚动轴承的保持架及倒角等可省略不画。规定画法一般绘制在轴的一侧，另一侧按通用画法绘制。规定画法中各种符号、矩形线框和轮廓线均用粗实线绘制。

表 7-10　常用滚动轴承的画法

名称	主要尺寸	通用画法	特征画法	规定画法
深沟球轴承	D、d、b			
推力球轴承	D、d、H			
圆锥滚子轴承	D、d、T、B、C			

制图大作业

任　务:完成螺纹紧固件连接的三视图绘制。

被连接件的上板厚度为 30 mm,被连接件的下板厚度为 40 mm,两板的宽度为 80 mm,长度可以任意确定。

连接用紧固件:

螺栓:GB/T 5782——2000 M20×L

螺母:GB/T 6170——2000 M20

垫圈:GB/T 97.1——2000 20

任务目的:(1)掌握标准紧固件有关参数的查找方法。

(2)掌握紧固件连接的表达方法。

(3)掌握紧固件连接三视图在图纸内的布置方法。

任务要求:(1)从本书后面的附录中查找并确定螺栓、螺母及垫圈的相关参数。

(2)主视图采用全剖视图,左、俯视图不剖。螺栓、螺母采用比例画法。

(3)尺寸只标注板的厚度和宽度、螺栓的公称直径及装配总高。

(4)采用印刷 A3 图纸,比例自行确定。

评分标准:(1)标题栏填写正确,字体书写规范。

(2)图线应用正确,线条流畅光滑,图形绘制、尺寸标注正确。

(3)图样清洁,布图合理。

模块八

零 件 图

【导　读】

知 识 点

(1) 零件图的作用、内容、要求及选择主视图的原则
(2) 基准的概念、种类和选择,以及标注尺寸时应注意的事项
(3) 典型零件的视图选择及尺寸标注的特点
(4) 零件图的技术要求
(5) 零件测绘的一般过程

技 能 点

(1) 掌握典型零件的视图选择
(2) 掌握尺寸标注的基本要求
(3) 掌握技术要求的标注
(4) 熟悉常见的零件图工艺结构并能将其表达到图样上
(5) 掌握零件测绘的基本方法和技能

教学重点

(1) 掌握典型零件的视图选择及尺寸标注的特点
(2) 熟悉常见的零件图工艺结构并能将其表达到图样上

教学难点

(1) 零件图技术要求的作用及标注
(2) 掌握零件测绘的基本方法和技能

考核任务

(1) 任务内容　绘制轴零件图
(2) 目的要求　掌握轴零件图绘图方法和步骤

（3）仪器工具　三角板、圆规、图纸、铅笔

（4）考核要求　用 A3 图纸,完成模块内容后的制图大作业。要求标题栏填写正确,字体书写规范;图线应用正确,线条流畅光滑,剖视图绘制、尺寸标注正确完整;图样清洁,布图合理

知识点 1　零件图概述

8.1.1　零件图的作用

零件图是生产制造零件的重要技术文件,是表示零件结构、大小及技术要求的图样,是制造和检验零件的主要依据之一。

生产制造零件,必须根据零件图上所表明的材料、尺寸和数量等要求进行材料准备,然后根据零件图图样提供的形状、大小和技术要求进行生产、加工、产品检验及装配。

8.1.2　零件图的内容

一张完整的零件图应具备以下四方面内容,如图 8-1 球阀阀芯零件图所示。

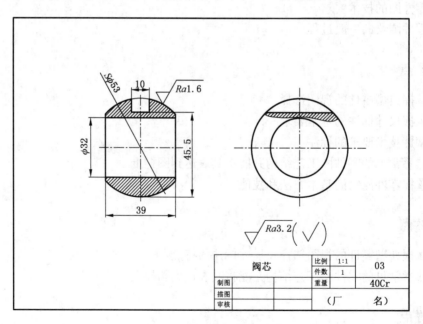

图 8-1　球阀阀芯零件图

1）一组视图

用一组图形(包括视图、剖视图、剖面图、局部放大图和简化画法等),按照有关标准和规定,准确、清晰、简便地表达出零件内、外结构形状。如图 8-1 所示的球阀阀芯零件图用了两个基本视图,主视图采用全剖视图,左视图采用半剖视图。

2）尺寸标注

正确、完整、清晰、合理地标注零件各形体的大小及相对位置尺寸。

3）技术要求

零件在制造和检验时应达到的技术要求（如尺寸公差、表面结构、几何公差及其他要求等）。

4）标题栏

标题栏在图样的右下角，用于填写零件的名称、数量、材料、比例、图号及设计、审核、批准人员的签名、日期等内容。

知识点 2　零件图的视图表达

8.2.1　零件图的视图选择

零件的表达方案选择，应首先考虑看图方便。根据零件的结构特点，选用适当的表示方法。画图前，应对零件进行形体分析，结合零件的工作位置和加工位置，选择最能反映零件形状特征的视图作为主视图，以确定一组最佳的表达方案。

1）形体分析

形体分析是认识零件的过程。零件的结构形状及其工作位置或加工位置不同，视图选择也往往不同。在选择视图之前，应首先对零件进行形体分析，并了解零件的工作和加工情况，以便准确地表达零件的结构形状，反映零件的设计和工艺要求。

2）主视图的选择

主视图是表达零件形状最重要的视图。零件主视图的选择应遵循合理位置、形状特征等基本原则。

（1）合理位置原则

合理位置是指零件的加工位置和工作位置。加工位置是零件在加工时所处的位置。主视图应尽量表示零件在机床上加工时所处的位置，这样在加工时可以直接进行图物对照，既便于看图和测量尺寸，又可减少差错。如轴套类零件的加工，大部分工序是在车床或磨床上进行，因此要按加工位置画其主视图；工作位置是零件在装配体中所处的位置。零件主视图的放置，也应尽量与零件在机器或部件中的工作位置一致。如图 8-2 所示。

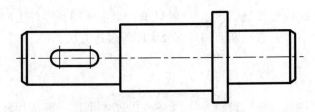

图 8-2　轴类零件的工作位置

（2）形状特征原则

形状特征原则就是将最能反映零件形状特征的方向作为主视图的投影方向，以满足表达零件清晰的要求。如图8-3所示。

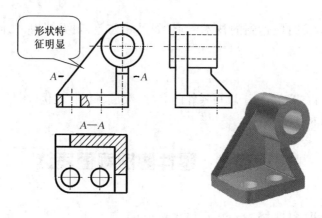

图 8-3　主视图的形状特征原则

3）选择其他视图

主视图确定后，对其表达未尽的部分，再选择其他视图予以完善表达。根据零件的复杂程度及内、外结构形状，全面地考虑还应需要的其他视图，在准确、清晰地表达零件的前提下，使视图数量最少。

8.2.2　典型零件的表达分析

根据零件在结构形状、表达方法上的区别，常将其分为四类：轴套类零件、盘盖类零件、叉架类零件和箱体类零件。

1）轴套类零件

（1）形体分析

轴套类零件的基本形状是同轴回转体。在轴上通常有键槽、销孔、螺纹退刀槽、倒圆等结构，此类零件主要是在车床或磨床上加工。如图8-4所示的轴即属于轴套类零件。

（2）主视图选择

轴套类零件的主视图应按其加工位置选择，常按水平位置放置，这样既可把各段形体的相对位置表示清楚，同时又能反映出轴上轴肩、退刀槽等结构。

（3）其他视图的选择

轴套类零件主要结构形状是回转体，一般只画一个主视图。零件上的键槽、孔等结构，可采用局部视图、局部剖视图、移出断面和局部放大图等表达方法。

2）盘盖类零件

（1）形体分析

盘盖类零件包括端盖、阀盖、齿轮等，这类零件的基本形体一般为回转体或其他几何形状的扁平的盘状体，通常还带有各种形状的凸缘、均布的圆孔和肋等局部结构。如图8-5所示的轴承端盖。

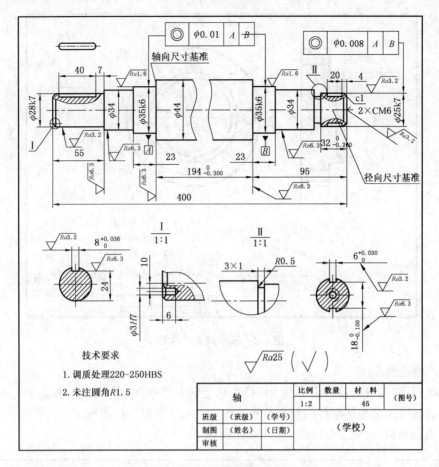

图 8-4 轴零件图

（2）主视图选择

盘盖类零件的毛坯有铸件或锻件，机械加工以车削为主，主视图一般按加工位置水平放置，但有些较复杂的盘盖，因加工工序较多，主视图也可按工作位置画出。为了表达零件内部结构，主视图常取全剖视。

（3）其他视图的选择

盘盖类零件一般需要两个以上基本视图表达，除主视图外，为了表示零件上均布的孔、槽、肋、轮辐等结构，还需选用一个端面视图（左视图或右视图），如图 8-5 就增加了一个左视图，以表达凸缘和四个均布的通孔。

3）叉架类零件

（1）形体分析

叉架类零件一般有拨叉、连杆、支座等。此类零件常用倾斜或弯曲的结构连接零件的工作部分与安装部分。叉架类零件多为铸件或锻件，因而具有铸造圆角、凸台、凹坑等常见结构，图 8-6 所示踏脚座属于叉架类零件。

（2）主视图选择

叉架类零件结构形状比较复杂，加工位置多变，有的零件工作位置也不固定，所以这类零件的主视图一般按工作位置原则和形状特征原则择优确定。

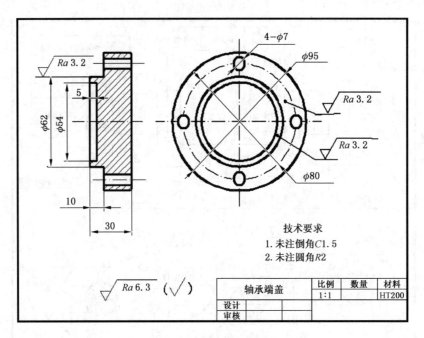

图 8-5 轴承端盖零件图

（3）其他视图选择

对其他视图的选择，常常需要两个或两个以上的基本视图，并且还要用适当的局部视图、断面图等表达方法来表达零件的局部结构。图 8-6 所示脚座零件图对于表达轴承孔采用局部剖表达其内部结构，而对 T 字形肋，采用移出断面。

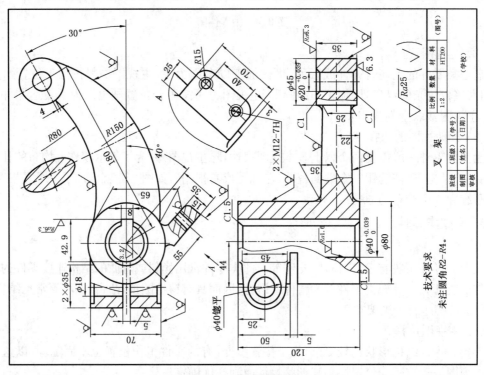

图 8-6 脚座零件图

4）箱体类零件

（1）形体分析

箱体类零件主要有阀体、泵体、减速器箱体等零件，其作用是支持或包容其他零件。这类零件有复杂的内腔和外形结构，并带有轴承孔、凸台、肋板，此外还有安装孔、螺孔等结构。如图 8-7 所示。

（2）主视图选择

由于箱体类零件加工工序较多，加工位置多变，所以在选择主视图时，主要根据工作位置原则和形状特征原则来考虑，并采用剖视，以重点反映其内部结构。图 8-6 中主视图采用全剖视图表达阀体的内部孔系结构。

（3）其他视图选择

为了表达箱体类零件的内外结构，常需要用三个或三个以上的基本视图，并根据结构特点在基本视图上取剖视，还可采用局部视图、斜视图及规定画法等表达外形。图 8-7 中的左视图采用半剖视图，而为了表达阀体的外部结构，俯视图则采用了基本视图。

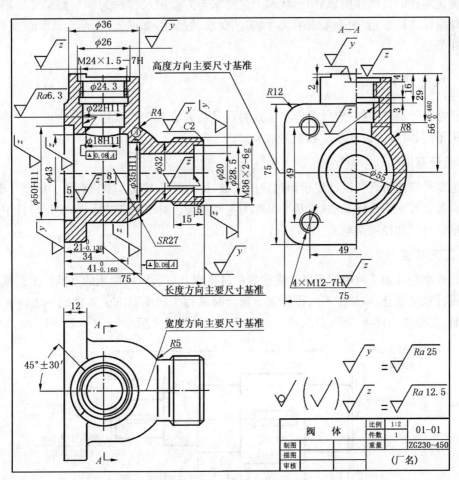

图 8-7　箱体零件图

知识点3 零件图的尺寸标注

8.3.1 零件图尺寸标注的要求

尺寸标注是零件图的一项重要内容,它直接用于零件的加工和检验。标注零件尺寸时必须满足正确、完整、清晰、合理的要求。

8.3.2 主要尺寸和非主要尺寸

凡直接影响零件使用性能和安装精度的尺寸称为主要尺寸。主要尺寸包括零件的规格性能尺寸、有配合要求的尺寸、确定零件之间相对位置的尺寸、连接尺寸、安装尺寸等,一般都有公差要求。

仅满足零件的机械性能、结构形状和工艺要求等方面的尺寸称为非主要尺寸。非主要尺寸包括外形轮廓尺寸、无配合要求的尺寸、工艺要求的尺寸,如退刀槽、凸台、凹坑、倒角等,一般都不注公差。

8.3.3 尺寸基准

零件在设计、制造时确定尺寸起点位置的点、线、面等几何元素称为尺寸基准。根据尺寸基准作用不同,可分为设计基准和工艺基准。

1)设计基准

根据零件结构特点和设计要求而选定的基准,称为设计基准。零件有长、宽、高三个方向,每个方向都要有一个设计基准,该基准又称为主要基准。对于轴套类零件,实际设计中经常采用的是轴向基准和径向基准。

2)工艺基准

工艺基准是在加工时确定零件装夹位置的基准以及安装时所使用的基准。工艺基准有时可能与设计基准重合,该基准不与设计基准重合时又称为辅助基准。零件同一方向有多个尺寸基准时,主要基准只有一个,其余均为辅助基准。如图8-8所示。

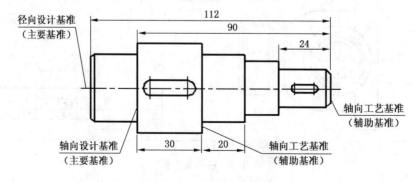

图 8-8 零件的尺寸基准

在标注尺寸时,尽可能使设计基准与工艺基准统一,以减少两个基准不重合而引起的尺寸误差。当设计基准与工艺基准不一致时,应以保证设计要求为主,将主要尺寸从设计基准注出,次要尺寸从工艺基准注出,以便加工和测量。

8.3.4 合理标注尺寸应注意的问题

1) 主要尺寸直接注出

主要尺寸应从设计基准直接注出。如图 8-9 中的高度尺寸 a 为主要尺寸,应直接从高度方向主要基准直接注出,以保证精度要求。

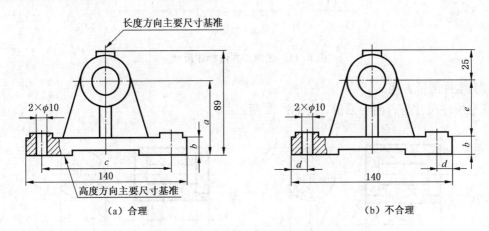

图 8-9 主要尺寸从设计基准直接注出

2) 避免出现封闭的尺寸链

封闭的尺寸链是指一个零件同一方向上的尺寸一环扣一环首尾相连,成为封闭形状的情况。在标注尺寸时,应将次要尺寸空出不注(称为开口环),其他各段加工的误差都积累至这个不要求检验的尺寸上,主要轴段的尺寸则可以得到保证。如图 8-10 所示。

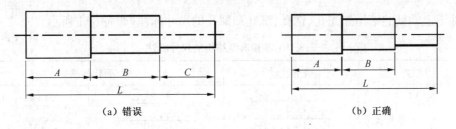

图 8-10 避免标注封闭的尺寸链

3) 零件加工和测量的要求

(1) 零件加工看图方便。不同加工方法所用尺寸分开标注,便于看图加工,如图 8-11 所示。

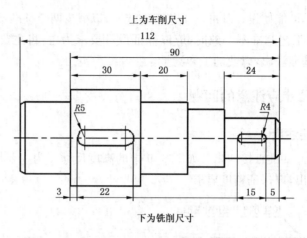

图 8-11 按加工方法标注尺寸

（2）零件测量方便。

注意所注尺寸是否便于测量，如图 8-12 所示。

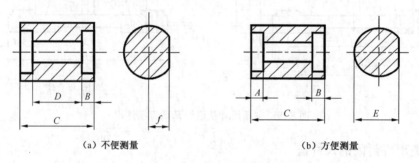

（a）不便测量　　　　　　　　　　　（b）方便测量

图 8-12 考虑尺寸测量方便

8.3.5 零件典型结构的尺寸标注

零件图上常见的结构如光孔、锪孔、沉孔和螺孔的尺寸标注，如表 8-1 所示。

表 8-1 零件典型结构的尺寸标注

序号	类 型	普通注法	简化注法	
1	不通光孔（盲孔）	4×φ4 10	4×φ4 ↓10	4×φ4 ↓10
2	埋头孔	90° φ13 6×φ7	6×φ7 ⌵ φ13×90°	6×φ7 ⌵ φ13×90°

续表 8-1

序号	类　型	普通注法	简化注法	
3	沉孔	$\phi12$　4.5　$4\times\phi6.4$	$4\times\phi6.4$　$\llcorner\phi12\;\downarrow4.5$	$4\times\phi6.4$　$\llcorner\phi12\;\downarrow4.5$
4	锪平	$\llcorner\;\phi20$　$4\times\phi10$	$4\times\phi10$　$\llcorner\;\phi20$	$4\times\phi10$　$\llcorner\;\phi20$
5	不通螺孔	$3\times M6-7H$　10　12	$3\times M6-7H\;\downarrow10$　孔$\downarrow12$	$3\times M6-7H\;\downarrow10$　孔$\downarrow12$

符号说明:"$\downarrow$"表示孔深;"$\llcorner$"表示沉孔或锪平;"$\vee$"表示埋头孔

知识点4　零件图的技术要求

零件图上除了视图和尺寸外,还应注明加工制造该零件时应该达到的表面结构、尺寸公差、几何公差、材料的热处理及表面处理的要求、零件的特殊加工、检验要求等。

8.4.1　表面结构

1)表面结构的基本概念

国家标准《产品几何技术规范(GPS)技术产品文件中表面结构的表示法》(GB/T 131—2006)规定在零件图上必须标注出零件每个表面的表面结构要求,其中不仅包括直接反映表面微观几何形状特性的参数值,而且还可以包含说明加工方法、加工纹理方向以及表面镀覆前后的表面结构要求等。

任何加工方法所获得的零件表面,都不是绝对的平整和光滑的,若将表面横向剖切,放在显微镜下观察,则可看到有峰、谷高低不平的表面轮廓。如图 8-13 所示。

按测量和计算方法的不同,表面轮廓可以分为以下三种:

(1)原始轮廓(P 轮廓)　是平定原始轮廓参数的基础。

(2)粗糙度轮廓(R 轮廓)　是平定粗糙度轮廓参数的基础。

(3)波纹度轮廓(W 轮廓)　是平定波纹度轮廓参数的基础。

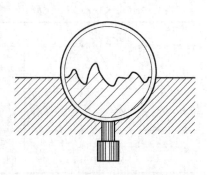

图 8-13　零件的表面轮廓

对于机械零件的表面结构要求,一般采用 R 轮廓参数平定。R 轮廓参数数值愈小,则表面愈光滑,其加工成本也愈高。因此,在满足零件使用要求的前提下,应尽量降低对 R 轮廓参数的要求。

评定 R 轮廓参数的指标,有轮廓算术平均偏差 Ra 和轮廓最大高度 $Rz(Rz = Rv + Rp)$。推荐优先选用轮廓算术平均偏差 Ra,轮廓算术平均偏差 Ra 是在取样长度 L 内,轮廓偏距 Z(被测轮廓上各点至基准线 X 轴的距离)绝对值的算术平均值,如图 8-14 所示。

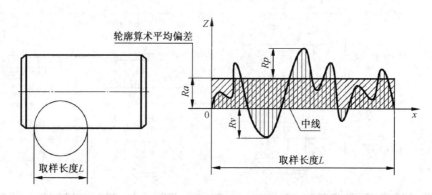

注:取样长度L——用于判别被评定轮廓不规则特征的X轴向上的长度;

轮廓偏距Z——在被测量方向上,表面轮廓上各点到基准线距离。

图 8-14　粗糙度轮廓(R 轮廓)图

2)表面结构的图形符号、代号及参数表示法

(1)国家标准规定了粗糙度轮廓(R 轮廓)的符号及其标注。表面结构图形符号的画法如图 8-15 所示。图中,$d=h/10$,$H=1.4h$(h 为字体高度)。

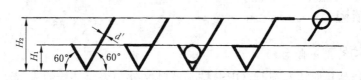

图 8-15　表面结构的图形符号

(2)图样上表示零件表面结构图形符号的含义见表 8-2 所示。

表 8-2　表面特征符号的含义

符　　号	含　　义
√	基本符号,表示表面可用任何方法获得
◌√	完整符号,表示表面特征用不去除材料的方法获得。如铸、锻、冲、压、热轧、冷轧和粉末冶金等
√	完整符号,表示表面特征是用去除材料的方法获得。如车、铣、钻、磨、抛光、腐蚀和电火花加工等

(3)Ra 的数值、Rz 的数值分别在表 8-3、表 8-4 中选取。

表 8-3　轮廓算术平均偏差的数值（_Ra_）　　　　　　　单位：μm

_Ra_	0.012	0.2	3.2	
	0.025	0.4	6.3	50
	0.05	0.8	12.5	100
	0.1	1.6	25	

表 8-4　轮廓最大高度的数值（_Rz_）　　　　　　　单位：μm

_Rz_	0.025	0.4	6.3	100
	0.05	0.8	12.5	200
	0.1	1.6	25	408
	0.2	3.2	50	800

（4）表面结构代号注写位置

在表面结构的完整图形符号中，表面结构参数代号和数值，以及加工工艺、表面纹理和方向、加工余量等补充要求应注写在规定位置，如图 8-16 所示。

图 8-16　表面结构参数的规定位置

① 位置 a：注写表面结构的单一要求，或注写第一个表面结构要求。

② 位置 b：注写第二个表面结构要求，若要注写第三个或更多个表面结构要求时，图形符号应在垂直方向扩大，留出足够的注写空间。

③ 位置 c：注写指定的加工方法（车、铣、磨等）、表面处理、涂层或其他加工工艺要求。

④ 位置 d：注写要求的表面纹理方向符号。

⑤ 位置 e：注写要求的加工余量，数值以毫米（mm）为单位。

（5）表面结构参数的标注方法及含义

表面结构参数的标注方法及含义如表 8-5 所示。

表 8-5　表面结构参数的标注方法及含义

代　　　号	含　　　义
$\sqrt{}$ _Ra_3.2	用任何方法获得的表面，_Ra_ 的数值为 3.2 μm
$\sqrt{}$ _Ra_3.2	用去除材料方法获得的表面，_Ra_ 的数值为 3.2 μm
$\sqrt{}$ _Ra_3.2	用不去除材料方法获得的表面，_Ra_ 的数值为 3.2 μm

续表 8-5

代　　号	含　　义
$\sqrt{\begin{array}{l} U\ Ra3.2 \\ L\ Ra1.6 \end{array}}$	用去除材料方法获得的表面，Ra 的上限值为 3.2 μm，下限值为 1.6 μm

3）表面结构参数的标注

（1）表面结构在不同位置表面的标注可选用如图 8-17 所示的方式。

（2）表面结构在图样上的注法

① 无论是标注粗糙度轮廓参数还是其他轮廓参数，必须标注出参数代号 Ra、Rz 等，不得省略，同时在参数代号和数值之间应插入空格，例如："Ra　3.2"。

② 表面结构符号应标注在轮廓线上，符号尖端必须从材料外指向材料表面。必要时，表面结构符号也可以标注在用带箭头的指引线引出的基准线上，如图 8-18 所示。

③ 表面结构符号可以标注在相关尺寸线上所标注尺寸后面或公差框格的上方，如图 8-18 所示。

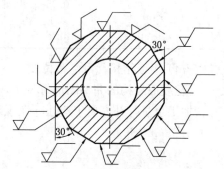

图 8-17　不同位置表面的标注

④ 表面结构要求可以标注在表面轮廓的延长线上、尺寸界限及其延长线上，如图 8-18 所示。

⑤ 当零件的多数表面具有相同的表面结构要求时，可以在图样的标题栏附近统一标注，并在圆括号内给出无任何其他标注的基本图形符号，或在圆括号内给出图中已经标注的几个不同的表面结构要求，如图 8-18 所示。

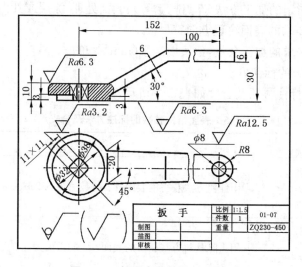

图 8-18　扳手表面结构要求标注

⑥ 当图形空间有限时可用带字母的完整符号，以等式的方式在图形或标题栏附近对有相同表面结构要求的表面进行简化标注。如图 8-7 所示。

⑦ 零件上不连续的同一表面,用细实线连接后,可只标注一次表面结构要求。如图 8-19 所示。

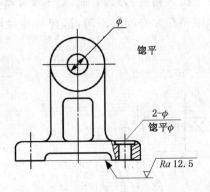

图 8-19　不连续的同一表面的表面结构要求标注

⑧ 齿轮等具有重复要素的表面结构要求,只需标注一次。如图 8-20 所示。

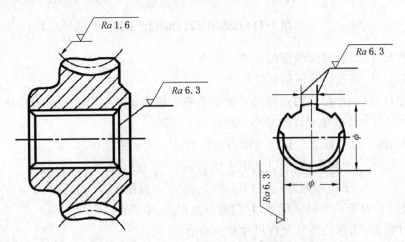

图 8-20　齿轮表面结构要求标注

8.4.2　极限与配合

国家标准《产品几何技术规范(GPS)极限与配合　第 1 部分:公差、偏差和配合的基础》(GB/T 1800.1—2008)、《产品几何技术规范(GPS)极限与配合　公差带和配合的选择》(GB/T 1801—2008)详细阐述了公差、偏差和配合的基本术语,对孔轴配合的公差带、配合种类及配合的选择作了具体规定,工程技术人员在机械图样上进行尺寸标注时应该严格执行。

1) 零件的互换性

在同一规格的一批零件中,任意取出一件,不需要经过附加的选择、修配或调整,就可以方便地装配到机器上,且能满足使用性能要求的性质,称为互换性。

零件的互换性包括几何参数互换和功能互换两方面。国家标准中对尺寸公差与配合、几何公差及表面结构等技术要求的规定,都是保证零件几何参数互换性的基础。零件具有互换性,为零件的标准化、部件的通用化、机器的系列化提供可能性。

2）公差的有关术语

在零件的加工过程中，由于机床精度、刀具磨损、测量误差等因素的影响，误差是不可避免的，但必须将零件尺寸的误差限制在允许的范围内，这种尺寸允许的变动量就称为尺寸公差，简称公差。如图 8-21 所示。

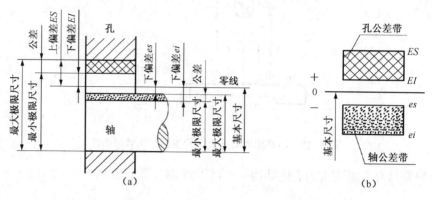

图 8-21　公差术语及公差带示意图

（1）公称尺寸：设计时所确定的尺寸。

（2）实际尺寸：通过测量所得到的尺寸。

（3）极限尺寸：一个孔或轴允许尺寸变动的两个极限值。一个孔或轴允许的最大尺寸称为上极限尺寸；一个孔或轴允许的最小尺寸称为下极限尺寸。

（4）偏差：某一尺寸减去公称尺寸所得的代数差。极限偏差有：

$$上极限偏差（孔为 ES，轴为 es）＝上极限尺寸－公称尺寸$$
$$下极限偏差（孔为 EI，轴为 ei）＝下极限尺寸－公称尺寸$$

上、下极限偏差统称为极限偏差，它们可以为正值、零或负值。

（5）尺寸公差（简称公差）：允许尺寸的变动量。

$$公差 T＝上极限尺寸－下极限尺寸＝上极限偏差－下极限偏差$$

（6）公差带和公差带图：公差带表示公差大小和相对于零线位置的一个区域。为了便于分析，一般将尺寸公差与公称尺寸的关系，按放大比例画成简图，称为公差带图。在公差带图中用于表示公称尺寸的一条直线称为零线。在公差带图中，上、下极限偏差的距离应按比例绘制，公差带方框的左右长度根据需要任意确定。如图 8-21(b)所示。

（7）标准公差和公差等级：标准公差是在国家标准表中所列出的，用以确定公差带大小的任一公差。

国家标准对≤3～500 mm 的公称尺寸规定了 20 个公差等级，即 IT01、IT0、IT1、IT2…IT18。其中，IT 为标准公差代号，数字表示公差等级代号。等级数值愈小，表示精度愈高。选用公差等级的原则是在满足使用要求的前提下，尽可能选择较低的公差等级。具体标准公差数值请查阅附录或有关标准。

（8）基本偏差：国家标准表中列出的用以确定公差带相对于零线位置的上极限偏差或下极限偏差，称为基本偏差。一般是指公差带靠近零线的那个偏差。当公差带位于零线上方时，基本偏差为下偏差；当公差带位于零线下方时，基本偏差为上偏差。

为了满足各种配合要求,国家标准分别对孔和轴各规定 28 个不同的基本偏差,按顺序排成了基本偏差系列,其中孔的基本偏差代号用大写英文字母表示,轴的基本偏差代号用小写英文字母表示。如图 8-22 所示。

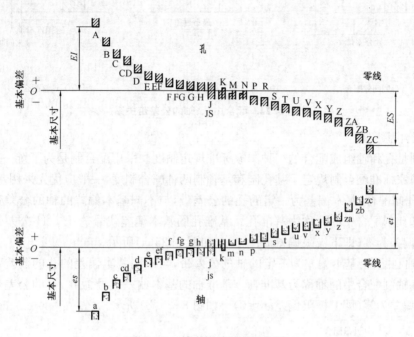

图 8-22　基本偏差系列示意图

(8) 公差带代号:孔、轴公差带代号由基本偏差代号和公差等级代号组成。如 H8、F7、G7 等为孔公差带代号;h7、f7、g6 等为轴公差带代号。如图 8-23 所示。

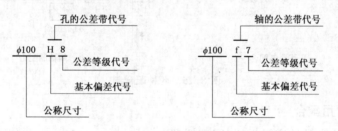

图 8-23　公差带代号

3) 配合与配合基准制

(1) 配合

公称尺寸相同的孔和轴不同公差带之间的关系,称为配合。孔轴的配合分为间隙配合、过盈配合、过渡配合三大类。

① 间隙配合:同一规格的孔轴配合零件中,所有轴的尺寸均小于孔的尺寸。此时孔的公差带位于轴公差带之上,如图 8-24(a)所示。

② 过盈配合:同一规格的孔轴配合零件中,所有轴的尺寸均大于孔的尺寸。此时孔的公差带位于轴公差带之下,如图 8-24(b)所示。

③ 过渡配合:介于间隙配合、过盈配合之间的配合。此时孔和轴的公差带相互交迭,如图

8-24(c)所示。

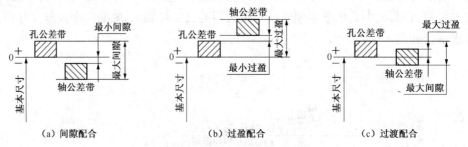

（a）间隙配合　　　　　　（b）过盈配合　　　　　　（c）过渡配合

图 8-24　配合中孔、轴的公差带关系

（2）配合基准制

配合制是孔和轴组成配合的一种国家标准规定制度。采用配合制是为了统一基准件的极限偏差。国家标准配合制规定了基孔制和基轴制两种配合制度，一般应优先采用基孔制。

① 基孔制配合：基本偏差为一定的孔的公差带，与不同基本偏差的轴的公差带配合的一种制度。基孔制配合中的孔称为基准孔。基准孔的基本偏差代号为 H。H 公差带位于零线之上，基本偏差为零（即下极限偏差 $EI=0$）。如图 8-25（a）所示。

② 基轴制配合：基本偏差为一定的轴的公差带，与不同基本偏差的孔的公差带配合的一种制度。基轴制配合中的轴称为基准轴。基准轴的基本偏差代号为 h。h 的公差带位于零线之下，基本偏差为零（即上极限偏差 $es=0$）。如图 8-25（b）所示。

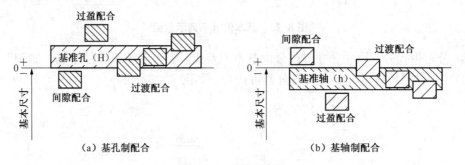

（a）基孔制配合　　　　　　　　　　（b）基轴制配合

图 8-25　两种配合制

4）优先和常用配合

根据机械工业产品的实际需要，国家标准在公称尺寸 3～500 mm 的范围内，规定了优先选用的孔、轴公差带及相应的优先和常用的配合，如表 8-6、表 8-7 所示。表中左上角标有符号"▼"为优先配合。

表 8-6　基孔制优先、常用配合

基准孔	轴																				
	a	b	c	d	e	f	g	h	js	k	m	n	p	r	s	t	u	v	x	y	z
	间隙配合								过渡配合				过盈配合								
H7						$\frac{H7}{f6}$	▼$\frac{H7}{g6}$	▼$\frac{H7}{h6}$	$\frac{H7}{js6}$	▼$\frac{H7}{k6}$	$\frac{H7}{m6}$	▼$\frac{H7}{n6}$	▼$\frac{H7}{p6}$	$\frac{H7}{r6}$	▼$\frac{H7}{s6}$	$\frac{H7}{t6}$	▼$\frac{H7}{u6}$	$\frac{H7}{v6}$	$\frac{H7}{x6}$	$\frac{H7}{y6}$	$\frac{H7}{z6}$

续表 8-6

基准孔	轴																				
	a	b	c	d	e	f	g	h	js	k	m	n	p	r	s	t	u	v	x	y	z
	间隙配合								过渡配合				过盈配合								
H8				$\frac{H8}{e7}$		$\frac{H8}{f7}$	$\frac{H8}{g7}$	$\frac{H8}{h7}$	$\frac{H8}{js7}$	$\frac{H8}{k7}$	$\frac{H8}{m7}$	$\frac{H8}{n7}$	$\frac{H8}{p7}$	$\frac{H8}{r7}$	$\frac{H8}{s7}$	$\frac{H8}{t7}$	$\frac{H8}{u7}$				
H8			$\frac{H9}{c9}$	$\frac{H9}{d9}$	$\frac{H9}{e9}$	$\frac{H9}{f9}$		$\frac{H9}{h9}$													
H11	$\frac{H11}{a11}$	$\frac{H11}{b11}$	$\frac{H11}{c11}$	$\frac{H11}{d11}$				$\frac{H11}{h11}$													

表 8-7 基轴制优先、常用配合

基准轴	孔																				
	A	B	C	D	E	F	G	H	Js	K	M	N	P	R	S	T	U	V	X	Y	Z
	间隙配合								过渡配合				过盈配合								
H6							$\frac{G7}{h6}$	$\frac{H7}{h6}$	$\frac{Js7}{h6}$	$\frac{K7}{h6}$		$\frac{N7}{h6}$	$\frac{P7}{h6}$		$\frac{S7}{h6}$		$\frac{U7}{h6}$				
h7					$\frac{E8}{h7}$	$\frac{F8}{h7}$		$\frac{H8}{h7}$	$\frac{Js8}{h7}$	$\frac{k8}{h7}$	$\frac{M8}{h7}$	$\frac{N8}{h7}$									
h8				$\frac{D9}{h9}$	$\frac{E9}{h9}$	$\frac{F9}{h9}$		$\frac{H9}{h9}$													
h11	$\frac{H11}{h11}$	$\frac{H11}{h11}$	$\frac{C11}{h11}$	$\frac{D11}{h11}$				$\frac{H11}{h11}$													

5）极限与配合的标注

（1）零件图中的尺寸公差标注

零件图中，尺寸公差的标注有三种形式，如图 8-26 所示。

（2）装配图中孔轴配合的尺寸公差标注

装配图中，在孔轴零件有配合要求的地方必须标出配合代号。配合代号由两个相互配合的孔、轴公差带代号组成，用分数形式表示，分子为孔的公差带代号，分母为轴的公差带代号。如图 8-27 所示。

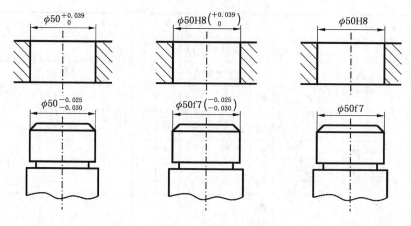

图 8-26　零件图中的尺寸公差标注

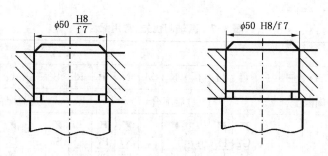

图 8-27　孔轴配合的尺寸公差标注

8.4.3　几何公差

国家标准《产品几何技术规范（GPS）　几何公差　形状、方向、位置和跳动公差标注》（GB/T 1182—2008）规定了零件某些几何要素的形状、方向、位置和跳动等几何公差在机械图样上的标注方法及注意事项。

1）几何公差的有关术语

（1）要素——指零件上的特定部位（点、线、面）。

（2）形状公差——指实际要素的形状所允许的变动量。

（3）方向公差——指实际要素的方向所允许的变动量。

（4）位置公差——指实际要素的位置所允许的变动量。

（5）跳动公差——指实际要素的跳动所允许的变动量。

（6）被测要素——给出了几何公差的要素。

（7）基准要素——用来确定被测要素方向、位置的要素。

2）几何公差的特征项目、符号

零件上的要素在形状、方向、位置和跳动公差统称为几何公差。几何公差分为形状公差、方向公差、位置公差和跳动公差，其特征项目、符号如表 8-8 所示。

表 8-8 几何公差特征项目及符号

公差	特征项目	符号	有或无基准要求
形状公差	直线度	—	无
	平面度	▱	无
	圆度	○	无
	圆柱度	⌀	无
	线轮廓度	⌒	无
	面轮廓度	⌓	无
方向公差	平行度	//	有
	垂直度	⊥	有
	倾斜度	∠	有
	线轮廓度	⌒	有
	面轮廓度	⌓	有
位置公差	位置度	⌖	有或无
	同轴度(同心度)	◎	有
	对称度	⹀	有
	线轮廓度	⌒	有
	面轮廓度	⌓	有
跳动公差	圆跳动	↗	有
	全跳动	↗↗	有

3）几何公差的标注

(1) 公差框格

公差框格用细实线画出，可画成水平的或垂直的，框格高度是图样中尺寸数字高度的两倍，它的第一格长度等于框格高度，其余与标注内容的长度相适应。框格中的数字、字母、符号与图样中的数字等高。用带箭头的指引线将被测要素与公差框格一端相连。如图 8-28(a)所示。

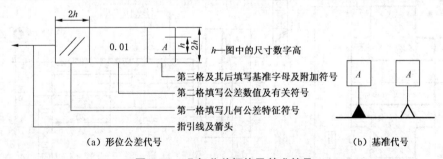

图 8-28 几何公差框格及基准符号

(2) 基准要素

基准要素用字母表示，字母标注在基准方格内，无论基准符号在图中的方向如何，方格内的字母一律水平书写,但基准方格不得倾斜放置。如图 8-29(b)所示。

① 当基准要素为轮廓线或轮廓面时,基准符号应靠近该要素的轮廓线或引出线标注,并应明显地与尺寸线箭头错开,如图 8-29(a)。

② 当基准要素为轴线、球心或中心平面时,基准符号应与该要素的尺寸线箭头对齐,如图 8-29(b)。

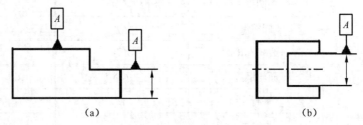

图 8-29　基准要素标注示例

（3）被测要素

用带箭头的指引线将被测要素与公差框格一端相连,指引线箭头指向被测要素。

① 当被测要素为轴线、球心或中心平面时,指引线箭头应与该要素的尺寸线对齐,如图 8-30(a)所示。

② 当被测要素为线或表面时,指引线箭头应指向该要素的轮廓线或其引出线上,并应明显地与尺寸线错开,如图 8-30(b)所示。

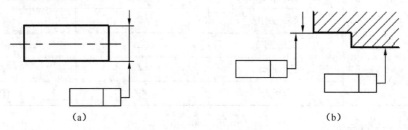

图 8-30　被测要素标注示例

【例题】　零件图几何公差的标注,如图 8-31 所示。

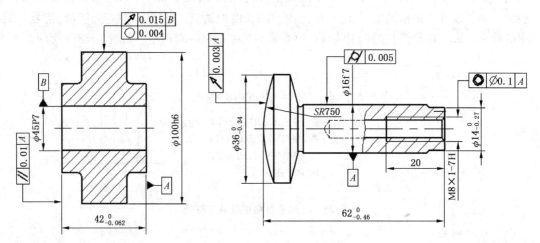

图 8-31　零件图几何公差的标注

8.4.4 零件的其他技术要求

零件图中除要求尺寸公差、表面结构和几何公差外还有其他的技术要求,如材料的热处理、表面处理及硬度指标等。

1) 热处理

金属的热处理是指将工件加热、保温和冷却的工艺过程,从而改变金属的组织结构,以改善其机械性能及加工性能,如提高硬度、增加塑性等。常用的热处理工艺方法有退火、正火、淬火、回火等。

2) 表面处理

表面处理是指在金属表面涂覆保护层的工艺方法。它具有改善材料表面机械物理性能、防止腐蚀、增加美观等作用。常用的表面处理工艺方法有表面淬火、渗碳、发蓝、发黑、镀铬、涂漆等。

3) 硬度

硬度是零件非常重要的一个机械性能指标,经常在零件图的技术要求中出现。常用的硬度指标有布氏硬度(HBS)、洛氏硬度(HRC)和维氏硬度(HV)。

知识点5 零件图上常见的工艺结构

零件结构分为主体结构、局部功能结构和局部工艺结构三大类。零件的主体结构是指零件中那些体积相对较大的主要基本形体及其相对关系;零件的局部功能结构是指为实现传动、连接等特定功能,在主体上制造出的局部结构,如螺孔、键槽、销孔等;零件的局部工艺结构是指为确保加工和装配质量而构造的较微小的结构。

最常见的局部工艺结构有铸造工艺结构和机械加工工艺结构。

8.5.1 铸造工艺结构

零件的铸造工艺结构是为确保铸造加工工艺顺利进行而构造的一些较微小的结构,这种结构是为保证铸造加工方法实施的要求而设置的,常见的有起模斜度、铸造圆角和铸件壁厚等。

1) 起模斜度

为了便于在型砂中取出模型,一般沿模型起模方向做成约 $1°\sim3°$ 的斜度,叫做起模斜度,如图 8-32(a)所示。起模斜度的画法及标注如图 8-32(b)所示。一般情况下,因起模斜度较小,在图上可以不画出也不标注,如图 8-32(c)所示,必要时,可以在技术要求中用文字说明。

2) 铸造圆角

为了满足铸造工艺要求,防止浇铸铁水时将砂型转角处冲坏、铸件在冷却时产生裂缝或缩孔,在铸件各表面相交处都设计为圆角,称为铸造圆角,如图 8-33 所示。

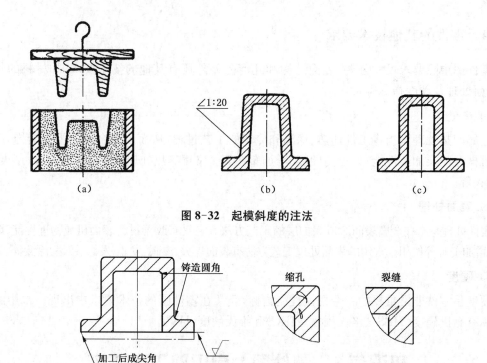

图 8-32　起模斜度的注法

图 8-33　铸造圆角

　　铸件或锻压件上两相交表面之间的交线,因铸造圆角、过渡圆角变得不明显,工程中把这种交线称为过渡线。过渡线在相应的投影图中,只画到两相交表面外形线的理论交点为止,如图 8-34 所示。

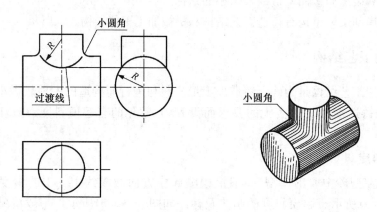

图 8-34　过渡线的画法

3）壁厚均匀

　　在零件铸造加工过程中,为避免各部分因冷却速度的不同而产生缩孔或裂缝,铸件壁厚应均匀变化、逐渐过渡,如图 8-35 所示。

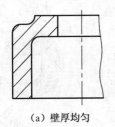 

（a）壁厚均匀　　　　　　　　　（b）逐渐过渡

图 8-35　壁厚均匀

8.5.2　机械加工工艺结构

机械加工工艺结构是为保证机械加工方法的顺利实施而设置的。常见的机械加工工艺结构有倒角、倒圆、螺纹退刀槽、砂轮越程槽、凸台、凹坑及钻孔结构等。

1）倒角和倒圆

为便于装配和保护装配面，去除零件的毛刺、锐边，将轴、孔的端部加工成圆台面，称为倒角。倒角一般为 45°，倒角尺寸 C 值可查阅有关标准。避免因应力集中而产生裂纹，在轴肩处往往加工成圆角，称为倒圆，如图 8-36 所示。

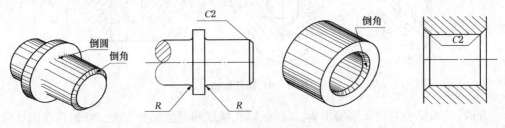

图 8-36　倒圆与倒角

2）螺纹退刀槽和砂轮越程槽

为便于螺纹加工时退出刀具，或在磨削零件时，保证全部被磨削到同一尺寸，常在加工表面的末端预先切削出环形沟槽，即螺纹退刀槽和砂轮越程槽。退刀槽和砂轮越程槽的结构形式及尺寸标注分别如图 8-37 和图 8-38 所示。

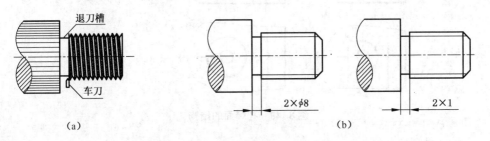

（a）　　　　　　　　　　　（b）

图 8-37　螺纹退刀槽

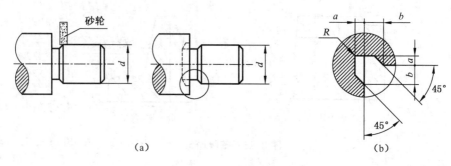

（a）

（b）

图 8-38　砂轮越程槽

3）钻孔结构

用钻头钻出的盲孔，在底部有一个120°的倒锥孔，钻孔深度则是指圆柱部分的深度，不包括倒锥孔，如图8-39所示。

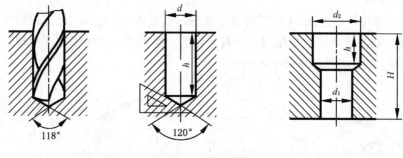

图 8-39　钻孔结构

钻孔时，要求钻头与钻孔端面垂直，以保证钻孔精度和避免钻头折断。如果孔端面是曲面或斜面，则应预先在钻孔端部制成平台或铣出平坑，然后再钻孔，如图8-40所示。

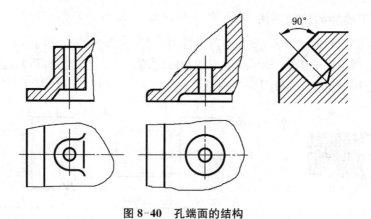

图 8-40　孔端面的结构

4）凸台和凹坑

零件上要求与其他零件接触的表面，为保证其接触性能良好，减少加工面积，通常在零件上设计出凸台或凹坑等结构，如图8-41所示。

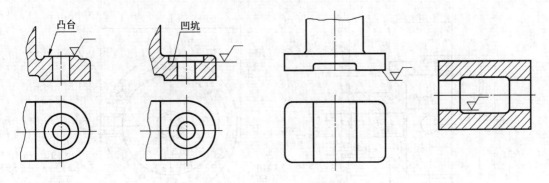

图 8-41 凸台与凹坑结构

知识点 6 读零件图

8.6.1 读零件图的基本要求

阅读零件图的目的是根据零件图想象出零件的结构形状,分析零件的结构、尺寸和技术要求,以及零件的材料、名称等内容,以便确定加工方法和工序以及测量和检验方法。读零件图要求做到以下几点:

(1) 了解零件的名称、用途、材料和数量等。

(2) 了解组成零件各部分结构形状的特点、功用,以及它们之间的相对位置。

(3) 了解零件的尺寸标注、制造方法和技术要求。

8.6.2 读零件图的方法和步骤

读零件图一般按照以下方法和步骤进行:

(1) 看标题栏,概括了解。从标题栏可以获取零件名称、材料、比例、重量、数量等信息,以便对零件图有一个初步认识。

(2) 视图分析,想象整体形状。从图中找出主视图以及其他基本视图和辅助视图,了解各视图间的关系、表达方法和表达重点。利用形体分析法逐一分析各组成部分的结构形状和相对位置,最后将各部分综合起来想象出零件的整体形状。

(3) 尺寸分析。首先分析其长、宽、高三个方向的主要尺寸基准,然后从基准出发,找出主要尺寸,并以结构分析为线索,找出各组成部分的定形尺寸、定位尺寸和尺寸公差,看懂每个尺寸的作用,以便掌握加工精度。

(4) 技术要求分析。分析零件的表面结构、尺寸公差、几何公差以及其他技术要求,以便合理选用加工方法。

【例题】 分析如图 8-42 所示泵体零件图。

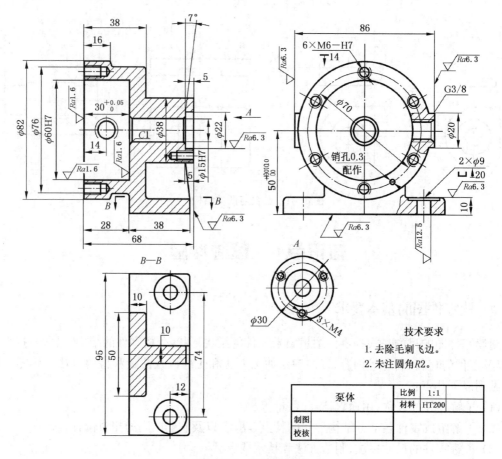

图 8-42　泵体零件图

（1）看标题栏，概括了解

首先从标题栏中可知零件的名称为泵体，是泵的一个重要的阀体零件，具有支承和安装其他零件的功能和作用，属于箱体类零件。泵体的材料为灰铸铁（HT200），毛坯经铸造成型。

（2）分析视图，想象形状

泵体用三个基本视图表达它的内外形结构。主视图采用全剖视，主要表达内部结构形状；俯视图采用了 $B-B$ 全剖视，表达底座外形和支撑板的连接断面；左视图采用了两处局部剖视图，用以补充表达进、出油口和底板上安装孔的内部形状。

由主视图分析，该泵体大致可分为四个组成部分：

① 底板。据俯视图、主视图和左视图分析，底板大体是一块矩形板，底板前后对称处开有一对供安装用的沉孔。

② 泵壳主要有以下几个结构特征：左端面分别有 6 个 M6 的螺纹孔，用以与泵盖相连，同时还有两个反对称分布的 $\phi 3$ 的销孔，用于泵体与泵盖连接的定位销；前、后两个圆柱形凸台，开有 G3/8 的螺纹孔，用于连接进、出油管。

③ 泵体轴孔（外径为 $\phi 38$ 的空心圆柱）。由主视图和左视图可知，轴孔外径为 $\phi 38$，内孔直径为 $\phi 15H7$，左右两端分别有倒角和阶梯孔，用来安装泵轴及配套零件。

④ 肋板。由主视图和俯视图可知，肋板大体上为一梯形薄板，处于箱体前后对称的位置，

其上、左、下分别与套筒、箱壳和底板连接。

经对泵体零件图的形体分析,可以想象泵体的外形形状如图 8-43 所示。

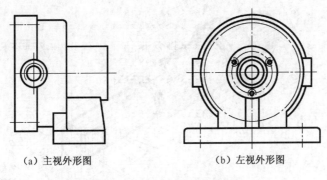

　　　　(a) 主视外形图　　　　　　　　　(b) 左视外形图

图 8-43　泵体主视、左视外形图

3) 零件尺寸分析

该泵体长度方向的尺寸基准是左端面,即主视图中 φ82 圆柱的左端面;高度方向的尺寸基准是泵体的底面;由于该泵体前、后对称,所以宽度方向的尺寸基准是零件的前后对称面,即通过轴线的正平面。该零件中,泵体内表面圆柱形孔的中心高 50、直径 φ60H7、轴孔 φ15H7 及孔深 30 仍都属于主要尺寸,加工时应保证它们的精度。底板上的 74、12 等安装尺寸以及泵体左、右两端面螺纹孔的定位尺寸等,虽然未标注尺寸公差,但考虑到与其他零件的装配问题,所以也属于重要尺寸。

4) 技术要求分析

零件图上的技术要求是制造零件时的质量指标,在生产过程中必须严格遵守。看图时一定要把零件的表面结构、尺寸公差、几何公差以及其他技术要求进行仔细分析,才能制定出正确的加工工序并确定相应的加工方法,从而制造出符合要求的产品。该泵体零件在不同表面采用了不同的表面结构要求,对于机械加工表面,其表面粗糙度轮廓(Ra)参数值分别为 1.6 μm、6.3 μm 和 12.5 μm,其余表面不加工。因此,泵体的左端面、φ60H7 和 φ15H7 的圆柱面以及 φ60H7 孔的右端面,其表面质量要求较高,加工时应予保证。

制图大作业

任　　务:选择合适的表达方法,完成图示轴的零件图绘制。

任务目的:(1) 练习典型零件表达方法。

　　　　　(2) 掌握制图国家标准中有关图幅、比例、字体、图线和尺寸标注的运用。

　　　　　(3) 掌握零件图中的基本视图、局部放大图及移出断面图等表达方法。

任务要求:(1) 采用印刷 A3 图纸,比例自行确定。

　　　　　(2) 准备好必需的绘图仪器和工具。

　　　　　(3) 完成轴的基本视图、移出断面图及局部放大图的绘制。

　　　　　(4) 完成轴的尺寸及技术要求标注。

评分标准:(1) 标题栏填写正确,字体书写规范。

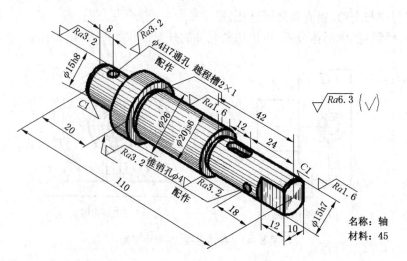

名称：轴
材料：45

（2）图线应用正确，线条流畅光滑，剖视图绘制、尺寸标注正确完整。

（3）图样清洁，布图合理。

模块九

装 配 图

【导 读】

知 识 点

(1) 装配图的主要内容、作用和视图表达

(2) 装配图的尺寸注法和技术要求

(3) 装配图的零部件序号和明细栏、标题栏

(4) 常见的装配结构和装置

(5) 读装配图、装配图拆装画零件图、部件测绘及装配图的画法

技 能 点

(1) 掌握装配图表达方案、装配图规定画法和简化画法

(2) 掌握零件序号的编排和标注及零件明细表的编制与填写

(3) 了解装配图的技术要求

(4) 了解常见的装配结构和装置

(5) 掌握看装配图的方法、拆画程序、测绘步骤及绘制装配图的方法

教学重点

(1) 装配图规定画法和简化画法

(2) 常见的装配结构和装置

(3) 绘制装配图的一般方法

教学难点

(1) 读装配图

(2) 绘制装配图

考核任务

(1) 任务内容　绘制球阀或齿轮泵的装配图

（2）目的要求　掌握球阀或齿轮泵的装配图绘图方法和步骤

（3）仪器工具　三角板、圆规、图纸、铅笔

（4）考核要求　用 A3 图纸,完成模块内容后的制图大作业。要求标题栏、明细栏填写正确,字体书写规范;图线应用正确,线条流畅光滑,剖视图绘制、尺寸标注正确完整;图样清洁、布图合理

知识点 1　装配图概述

9.1.1　装配图的作用

装配图是设计和生产部门不可缺少的重要技术资料,也是安装、调试、操作和检修机器或部件时的依据。设计产品时,一般根据机器的使用要求,先画出装配图,再根据装配图拆画零件图。制造部门则首先根据零件图制造零件,然后再根据装配图将零件装配成部件或机器。

9.1.2　装配图的内容

装配图主要表达机器或部件的结构形状、装配关系以及工作原理和技术要求。一张完整的装配图包括以下内容:

1）一组视图

用一组恰当的视图,正确、完整、清晰和简便地表达机器或部件的工作原理,各零件间的装配、连接关系和重要零件的结构形状等。可以采用视图、剖视、断面、局部放大图等表达方法来表达装配体。如图 9-1 所示。

2）必要的尺寸

装配图上要标注表示机器或部件规格性能的尺寸、零件之间的装配尺寸、总体尺寸、部件或机器的安装尺寸和其他重要尺寸等。图 9-1 中注出了 13 个必要的尺寸。

3）技术要求

用文字或符号说明机器或部件的性能、装配、调试和使用等方面的要求。图 9-1 中有 3 处说明了装配图的装配条件。

4）标题栏、零部件的序号和明细栏

标题栏一般包括机器或部件名称、图号、比例、绘图及审核人员的签名等;零部件的序号是将装配图中各组成零件按一定的格式编号;明细栏是用作填写零件的序号、代号、名称、数量、材料、重量、备注等。图 9-1 中表示了 13 个零件的序号。

知识点 2　装配图的规定画法与特殊画法

零件图中所应用的各种表达方法都适用于装配图。由于机器、部件是由若干零件所组成的,而装配图主要以表达机器或部件的工作原理和主要装配关系为中心,把机器或部件的内部构造、外部形状和零件的主要结构形状表达清楚,不要求把每个零件的形状完全表达清楚。

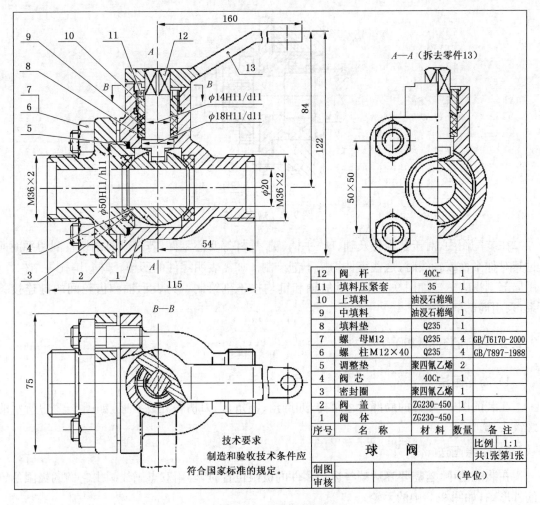

12	阀 杆	40Cr	1	
11	填料压紧套	35	1	
10	上填料	油浸石棉绳	1	
9	中填料	油浸石棉绳	1	
8	填料垫	Q235	1	
7	螺 母M12	Q235	4	GB/T6170-2000
6	螺 柱M12×40	Q235	4	GB/T897-1988
5	调整垫	聚四氟乙烯	2	
4	阀 芯	40Cr	1	
3	密封圈	聚四氟乙烯	1	
2	阀 盖	ZG230-450	1	
1	阀 体	ZG230-450	1	
序号	名 称	材 料	数量	备 注

球 阀	比例 1:1	共1张第1张
制图		（单位）
审核		

技术要求
制造和验收技术条件应
符合国家标准的规定。

图 9-1 球阀装配图

9.2.1 装配图的规定画法

1) 零件间接触面、配合面的画法

相邻两个零件的接触面和基本尺寸相同的配合面,只画一条轮廓线,如图 9-2 中轴承与轴段配合画法。但若相邻两个零件的基本尺寸不相同,则无论间隙大小,均要画成两条轮廓线。如图 9-2 中齿轮与键的间隙。

2) 装配图中剖面符号的画法

装配图中相邻两个金属零件的剖面线,必须以不同方向或不同的间隔画出。要特别注意的是,在所有剖视、剖面图中同一零件的剖面线方向、间隔须完全一致。如图 9-2 中轴承、机座、端盖、齿轮的剖视图。

另外,在装配图中,宽度小于或等于 2 mm 的窄剖面区域可全部涂黑表示,如图 9-2 中的垫片。

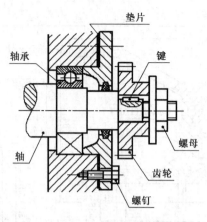

图 9-2　规定画法

在装配图中,对于紧固件及轴、球、手柄、键、连杆等实心零件,若沿纵向剖切且剖切平面通过其对称平面或轴线时,这些零件均按不剖绘制。如需表明零件的凹槽、键槽、销孔等结构,可用局部剖视表示。如图 9-2 中所示的轴和键均按不剖绘制。为表示轴和齿轮间的键连接关系,采用局部剖视。

9.2.2　装配图特殊画法

1）简化画法

在装配图中,零件的局部工艺结构,如倒角、圆角、退刀槽等允许省略,如图 9-2 中所示的螺纹头部。

2）假想画法

在装配图中,若需要表达某些运动零件的极限位置时,可用双点画线画出它们的极限位置的外形图,如图 9-3 中的手轮)。

3）夸大画法

对薄片零件、细丝弹簧、微小间隙等,若按它们的实际尺寸在装配图中很难画出或难以明显表达时,可采用夸大画法。如图 9-2 中平键上顶面与齿轮上键槽之间的间隙画法。

图 9-3　假想画法

4）单独表达法

如所选择的视图已将大部分零件的形状、结构表达清楚,但仍有少数零件的某些方面还未表达清楚时,可单独画出这些零件的视图或剖视图,如图 9-4 中泵的配油盘的 B 向视图。

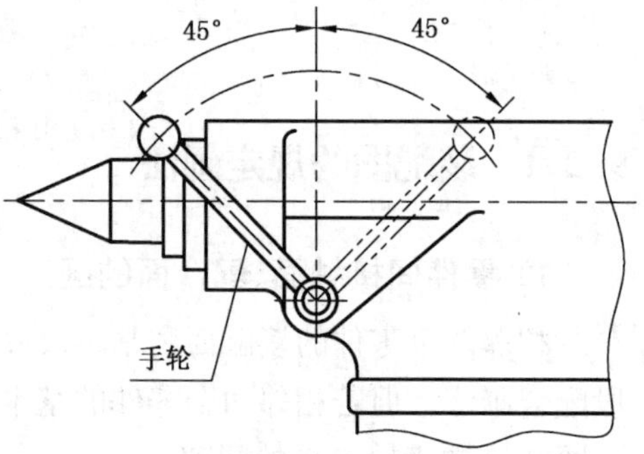

5）沿结合面剖切与拆卸画法

在装配图中,为了清楚地表达被遮住部分的结构和装配关系,可假想沿某些零件的结合面剖切,画出其剖视图,此时在结合面上不要画出剖面线,如图 9-4 中的 $A-A$ 剖视图。也可假

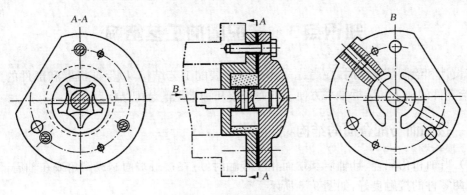

图 9-4　泵装配图画法

想将某些零件拆卸后画出其视图,如需要说明时,可标注"拆去零件××",如图 9-1 中的左视图中拆去零件 13。

6) 展开画法

为表示齿轮传动顺序和装配关系,可按空间轴系传动顺序沿其各轴线剖切后依次展开在同一平面上,画出剖视图,并在剖视图上方加注"×-×展开",这种画法称为展开画法。如图 9-5 所示剖视展开画法。

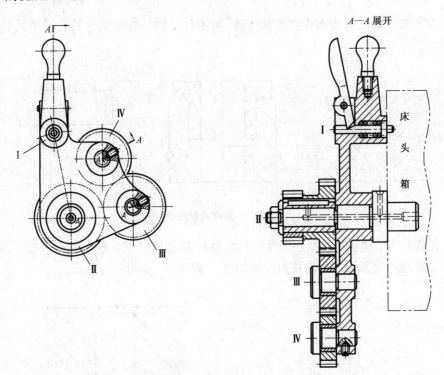

图 9-5　齿轮传动机构装配图展开画法

知识点3　装配图的工艺结构

在设计和绘制装配图时,应考虑采用合理的装配工艺结构,以保证机器和部件的工作性能,并给零件的加工和装拆带来方便。下面介绍几种常见的装配结构。

9.3.1　接触面与配合面的结构

(1) 当轴和孔配合,且轴肩和端面相互接触时,应在接触端面制成倒角或在轴肩部切槽,以保证两零件的接触良好,如图9-6所示。

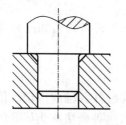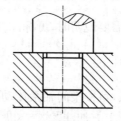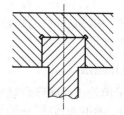

图9-6　接触面转折处的结构

(2) 为了避免装配时表面发生互相干涉,两零件在同一方向上应只有一个接触面,如图9-7所示。

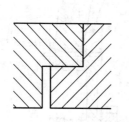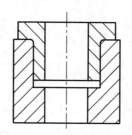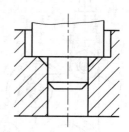

图9-7　两零件接触面

(3) 在装配图中应该尽量减小零件间的接触面积,以降低其接触面的不平稳性,同时减少加工成本。如螺栓等紧固件的连接而设置的凸台或凹坑。如图9-8所示。

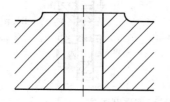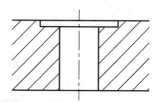

图9-8　合理减小接触面积

9.3.2 零件的紧固与定位结构

（1）螺纹连接的防松装置。为防止因振动而将螺纹紧固件松开,常采用双螺母、弹簧垫圈、开口销和止动垫圈等防松装置,如图 9-9 所示。

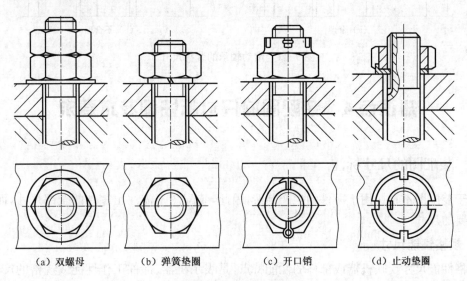

（a）双螺母　　　（b）弹簧垫圈　　　（c）开口销　　　（d）止动垫圈

图 9-9　螺纹防松装置

（2）回转零件与轴装配时,轴上除了要有轴肩、键分别作轴向、周向定位外,回转零件轴孔的长度也应大于配合轴段的长度,以便固定夹紧。如图 9-2 所示齿轮与轴的装配。

9.3.3 装配体上的装、拆结构

（1）螺纹连接的装拆,在采用螺纹连接之处要留有足够的装拆空间,否则会给部件的装配和拆卸带来不便,甚至无法进行,如图 9-9(a)、(b)所示。

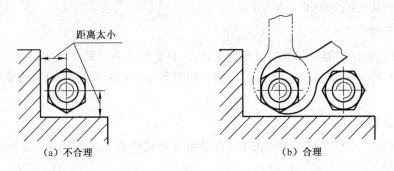

（a）不合理　　　　　　　　（b）合理

图 9-10　螺纹连接装配结构

（2）滚动轴承的装拆尺寸,轴肩不应超过轴承内圈或外圈的 2/3。如图 9-11 所示。

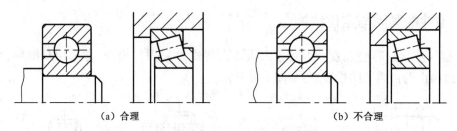

（a）合理   （b）不合理

图 9-11   滚动轴承的装拆尺寸

知识点 4   装配图的尺寸标注和技术要求

9.4.1   装配图的尺寸标注

由于装配图不直接用于零件的生产制造，因此，装配图不需注出零件的全部尺寸，而只需标注必要的尺寸。

1）规格性能尺寸

规格性能尺寸反映机器或部件的性能特点，是表示机器、部件工作性能或规格的尺寸，它是了解、设计和选用机器或部件的主要依据。如图 9-1 中球阀孔直径 $\phi20$，表明了球阀的流通能力大小。

2）装配尺寸

装配尺寸是用以保证机器或部件的工作精度和性能的尺寸。如图 9-1 中的尺寸 $\phi50H11/h11$、$\phi14H11/h11$、$\phi18H11/h11$ 及 50×50 等尺寸。

3）安装尺寸

安装尺寸是将机器或部件安装到其他零、部件或机座上所需要的尺寸。如图 9-1 中球阀左、右两端与管接头的安装尺寸 $M36\times2$。

4）总体尺寸

总体尺寸是表示机器或部件的外形轮廓总长、总宽和总高的尺寸，它表明了机器或部件所占空间的大小，作为包装、运输和安装的依据。如图 9-1 中的总长尺寸 115、总宽尺寸 75 和总高尺寸 122。

5）其他重要尺寸

除以上四类尺寸外，在设计中确定的、在装配或使用中必须说明的尺寸。如图 9-1 中的 54、160 等尺寸。

9.4.2   装配图的技术要求

用文字或符号在装配图中说明对机器或部件的性能、装配、检验、使用等方面的要求和条件，统称为装配图的技术要求。装配图中的技术要求一般有以下内容：

（1）有关产品性能、安装、使用、维护等方面的要求。

（2）有关试验、检验的方法和条件方面的要求。

（3）有关装配时的加工、密封和润滑等方面的要求。

如图 9-1 所示的技术要求即是球阀制造安装时的要求。

知识点5 装配图上零、部件的序号和明细栏

为便于阅读装配图、生产准备和机器装配，装配图上各零、部件都必须编写序号。国家标准《机械制图 装配图中零、部件序号及其编排方法》(GB/T 4458.2—2003)、《技术制图 明细栏》(GB/T 9609.2—2009)对装配图中零、部件序号及其编排方法和明细栏的画法作了具体规定。

9.5.1 零、部件序号的编写

（1）为了便于阅读装配图，图中所有零件都必须编号，形状、尺寸完全相同的零件只编一个序号。图中零件的序号应与明细栏中该零件的序号一致。

（2）序号应尽可能注写在反映装配关系最清楚的视图上，且应沿水平或垂直方向排列整齐，并按顺时针或逆时针方向依次排列。

（3）零件序号的标注形式。零件序号是用指引线和数字来标注的。

① 指引线的画法

指引线应从所指零件的可见轮廓内用细实线向图外引出，并在指引线的引出端画出一个小圆点，如图 9-12(a)所示。当所指部分很薄或剖面涂黑不宜画小圆点时，可在指引线的引出端用箭头代替，箭头指到该部分的轮廓线上，如图 9-12(b)所示。指引线应尽可能分布均匀，不允许彼此相交。当通过有剖面线的区域时，不应与剖面线平行。如图 9-12(c)所示。

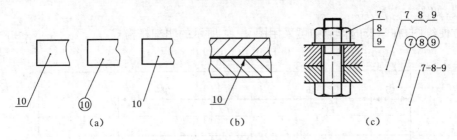

图 9-12 零件序号的标注形式

② 零件序号的标注形式

在装配图中，零件序号的常用标注形式有以下三种（如图 9-12(a)）：

（1）在指引线的终端画一水平横线，并在该横线上方注写序号，其字高比该装配图中所注尺寸数字大一号或两号。

（2）在指引线的终端画一细实线圆，并在该圆内注写序号，其字高比该装配图中所注尺寸数字大一号或两号。

（3）在指引线终端附近注写序号，其字高比该装配图中所注尺寸数字大一号或两号。

注意：在同一装配图中所采用的序号标注形式要一致。此外，装配关系清楚的紧固件组，可以采用公共指引线，如图 9-12(c)所示。

9.5.2　明细栏

明细栏是机器或部件中全部零件、部件的详细目录。明细栏画在标题栏正上方，其底边线与标题栏的顶边线重合，其内容和格式在国家标准（GB/T 9609.2—2009）中已有规定，如图 9-13 所示。

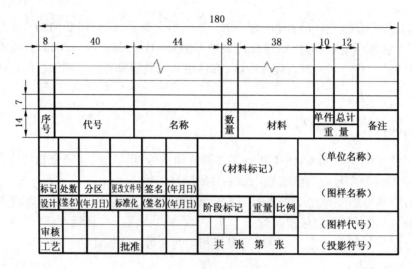

图 9-13　标题栏和明细栏

绘制和填写明细栏时应注意以下几点：

（1）明细栏的粗、细实线的区别，具体的行高、列宽尺寸要求。

（2）序号应自下而上顺序填写，如向上延伸位置不够，可以在标题栏紧靠左边的位置自下而上延续，如图 9-1 所示。

为方便绘图，在学校的作业中可采用图 9-14 所示的明细栏格式。

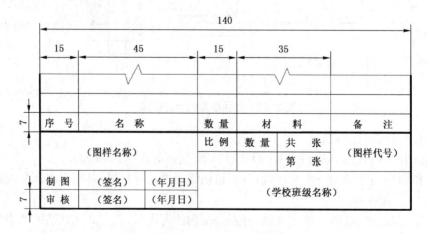

图 9-14　学校制图作业采用的明细栏

知识点6 零、部件测绘和装配图画法

9.6.1 零、部件测绘

零、部件测绘是指根据现有的零部件经测量有关尺寸并画出零件图的过程。在仿造、改进和维修机器或部件时,常常要进行零、部件测绘。

1) 常用的测量工具

常用的测量工具有钢直尺,内、外卡钳,游标卡尺,千分尺等,如图9-15所示。

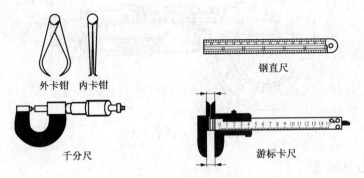

图9-15 常用的测量工具

(1) 内、外卡钳,钢直尺:内、外卡钳与钢直尺一般配合使用,常用于精度不高或毛面的尺寸测量。内卡钳用于测量孔、槽等结构的尺寸;外卡钳用于测量外径、孔距等;钢直尺可用于测量深度、高度、长度等。如图9-16所示。

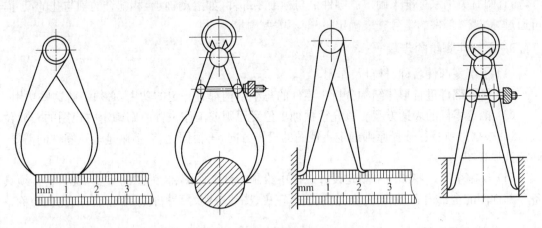

图9-16 钢直尺和卡钳的配合使用

(2) 游标卡尺:游标卡尺兼有内、外卡钳和钢直尺的功能,可测量孔、槽、外径、长度、高度等尺寸,一般用于较高精度尺寸的测量。如图9-17所示。

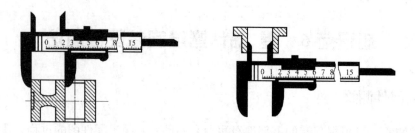

图 9-17　游标卡尺

（3）千分尺：千分尺的测量精度比游标卡尺高且比较灵敏。机械制造业中经常应用的是外径千分尺，如图 9-18 所示。

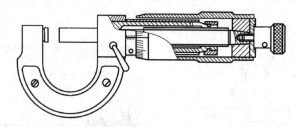

图 9-18　外径千分尺

2）测绘时注意事项

（1）相配合的两零件的配合尺寸，一般只在一个零件上测量。如有配合要求的孔与轴的直径，相互旋合的内、外螺纹的大径等。

（2）对一些重要尺寸，仅靠测量还不行，尚需通过计算来校验，如一对啮合齿轮的中心距等。

（3）零件上已标准化的结构尺寸，如倒角、圆角、键槽、退刀槽等结构和螺纹的大径等尺寸，需查阅有关国家标准来确定。零件上与标准零部件（如滚动轴承）相配合的轴与孔的尺寸，可通过标准零、部件的型号查表确定，一般不需要测量。

3）零部件测绘的步骤

（1）了解零部件名称、材料及作用。

（2）对零部件进行形体结构分析。零件的每个结构都有一定的功用，必须了解这些功用。

（3）拟定零件的表达方案。首先根据加工位置原则或工作位置原则确定主视图的安放位置，然后根据形状特征选择原则确定主视图的投影方向，再根据完整、清晰地表达零件的需要，确定其他视图。

（4）绘制草图。零部件草图是设计工作中绘制零件工作图、装配图的重要依据，它必须具备零部件图的全部内容，做到内容完整、表达正确、图线分明、尺寸齐全、要求合理、比例匀称。

9.6.2　装配图画法

装配图的绘制工作是机器或部件的设计及测绘中的一个重要环节，下面以图 9-1 所示的球阀装配图为实例，介绍绘制装配图的方法与步骤。

在绘制装配体之前，应充分了解旋塞阀的用途、性能、工作原理、结构特点、装配体所有的零件草图或零件图，以及各零件之间的装配关系等有关内容，并画出装配草图。如图 9-19 所示球阀装配体立体图、图 9-20 所示球阀装配草图。

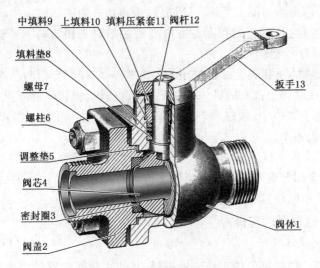

中填料9 上填料10 填料压紧套11 阀杆12

填料垫8

螺母7

螺柱6

调整垫5

阀芯4

密封圈3

阀盖2

扳手13

阀体1

图 9-19 球阀装配体立体图

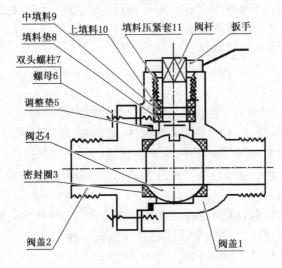

中填料9

填料垫8 上填料10 填料压紧套11 阀杆 扳手

双头螺柱7

螺母6

调整垫5

阀芯4

密封圈3

阀盖2 阀盖1

图 9-20 球阀装配草图

1）分析、了解测绘对象

分析部件的功能,部件的组成,部件中主要零件的形状、结构与作用,以及各个零件间的相互位置和连接装配关系及各条装配线,弄清各零件间相互配合的要求,以及零件间的定位、连接方式、密封关系等问题,再进一步认清运动零件与非运动零件的相对位置关系等,可对部件的工作原理和装配关系有所了解。

球阀是用于管道系统中启闭和调节流体流量的部件。球阀因其阀芯是球形而得名。下面根据图 9-19 给出的球阀装配体的立体图和图 9-20 所示装配草图,从运动关系、密封关系、连接关系及工作原理作一分析。

（1）运动关系 转动扳手,可通过阀杆 12 带动阀芯 4 转动,从而使阀芯中的水平圆柱形孔与阀体 1 及阀盖 2 的水平圆柱形孔连通或封闭。

（2）密封关系　两个密封圈 3 为第一道防线，调整垫 5 为阀体阀盖之间的密封装置，并可调节阀芯 4 与密封圈 3 之间的松紧程度。填料垫 8、中填料 9 和填料压紧套 11 防止球阀从转动零件阀杆 12 泄漏，为第二道防线。

（3）连接关系　阀体 1 和阀盖 2 是球阀的主体零件，均带有方形的凸缘，它们之间以四组双头螺柱 6、7 连接，在阀体上部有阀杆 12，阀杆下部有凸块，榫接阀芯 4 上的凹槽。阀芯 4 通过两个密封圈 3 定位于阀体中，通过填料压紧套 11 与阀体的螺纹旋合将填料垫 8、中填料 9 和上填料 10 固定于阀体中。

（4）球阀的工作原理　扳手 13 的方孔套进阀杆 12 上部的四棱柱，当扳手处于如图 9-19 所示的位置时，阀门全部开启，管道畅通；当扳手按顺时针方向旋转 90°时（扳手处于如装配图俯视图中双点画线所示的位置），则阀门全部关闭，管道截止。

2）主视图和其他视图的选择

（1）主视图的选择

装配图的主视图一般按部件的工作位置选择，并使主视图能够较多地表达机器（或部件）的工作原理、零件间主要装配关系及主要零件的结构形状特征。装配图一般多采用剖视图作为主要表达方法，用以表达零件主要装配关系。选择主视图时，通常考虑以下方面：

① 应能反映部件的工作状态或安装状态。

② 应能反映部件的整体形状特征。

③ 应能表示主装配干线零件的装配关系。

④ 应能表示部件的工作原理。

球阀的工作位置情况不唯一，但一般是将其通路放成水平位置。从对球阀各零件间装配关系的分析看出，阀芯、阀杆、压紧套等部分和阀体、密封圈、阀盖等部分为球阀的两条主要装配轴线，它们互相垂直相交，因而将其通路水平位置，以剖切平面通过该两装配轴线的全剖视图作为主视图，可以比较清晰地表达各个主要零件以及零件间的相互关系。

（2）确定其他视图

根据确定的主视图，针对装配体在主视图中尚未表达清楚的内容，再选取能反映其他装配关系、外形及局部结构的视图。一般情况下，部件中的每一种零件至少应在视图中出现一次。

在本例中，球阀沿前后对称面剖开的主视图，虽清楚地反映了各零件间的主要装配关系和球阀工作原理，但用以连接阀盖及阀体的螺柱分布情况和阀盖、阀体等零件的主要结构形状未能表达清楚，于是选取左视图。

根据球阀前后对称的特点，它的左视图可采用半剖视图。在左视图上，左半边为视图，主要表达阀盖的基本形状和四组螺柱的连接方位；右半边为剖视图，用以补充表达阀体、阀芯和阀杆的结构。

选取俯视图，并作 B—B 局部剖视，反映扳手与定位凸块的关系。

从以上对球阀视图选择过程中可以看出，应使每个视图表达内容有明确的目的和重点。对装配体主要装配关系应在基本视图上表达；对次要的装配、连接关系可采用局部剖视图或断面等来表达。

3）画图步骤

确定了部件的视图表达方案后，根据视图表达方案以及部件大小及复杂程度，选取适当的比例安排各视图的位置,从而选定图幅,便可着手画图。在安排各视图的位置时,要注意留有供编写零部件序号、明细栏以及注写尺寸和技术要求的位置。

画图时,应先画出各视图的主要轴线(装配干线)、对称中心线和作图基线(某些零件的基面和端面)。由主视图开始,几个视图配合进行。画剖视图时以装配干线为准,由内向外逐个画出各个零件,也可由外向里画,视作图方便而定。

绘制球阀装配图底稿的具体作图步骤如下:

(1) 画出各视图的主要轴线、对称中心线及作图基准线,留出标题栏、明细栏位置,如图 9-21(a)所示。

(2) 画出主要零件阀体的轮廓线,几个基本视图要保证三等关系,关联作图,如图 9-21 (b)、(c)所示。

(3) 逐一画出其他零件的三视图,如图 9-21(d)所示。

(4) 检查校核、画出剖面符号、注写尺寸及公差配合、加深各类图线等。最后给零件编号,填写标题栏、明细栏、技术要求,完成全图,如图 9-21 所示。

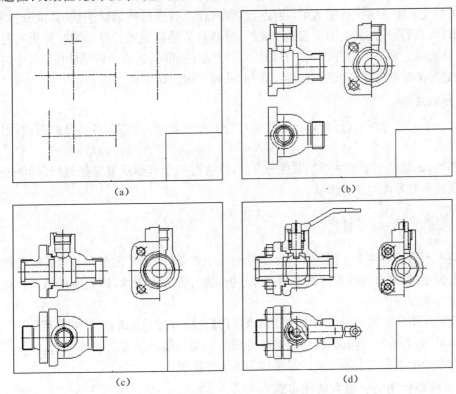

(a)   (b)

(c)   (d)

图 9-21 画装配图的步骤

知识点 7 读装配图和拆画零件图

在设计、制造、装配、使用、维修和技术交流等过程中,都会遇到装配图的阅读问题,而在设计中常常要在读懂装配图的基础上,根据装配图拆画零件图。因此,工程技术人员必须具备阅读装配图的能力。

9.7.1　读装配图的方法和步骤

阅读装配图的目的是了解产品名称、功用和工作原理,弄清各零件的主要结构、作用、零件之间的相互位置、装配连接关系以及装拆顺序等等。读装配图也是装配图绘制的一个逆过程。

1）概括了解装配图

（1）通过查阅明细栏了解零件的名称和用途。

（2）对照零、部件序号在装配图上查找这些零、部件的位置,了解标准和非标准零、部件的名称与数量。

（3）对视图进行分析,根据装配图上视图的表达情况,找出各个视图、剖视、断面等配置的位置及投影方向,从而理解各视图的表达重点。

2）分析装配关系,了解工作原理

对照视图分析研究的装配关系和工作原理,这是读装配图的一个重要环节。看图应从反映装配关系比较明显的主视图入手,再配合其他视图。首先分析装配主线,其次分拆零件,看懂零件形状。当零件在装配图中表达不完整,可对有关的其他零件仔细观察分析后再进行结构分析,从而确定零件的内外形状。在分析零件形状的同时,还应分析零件在部件中的运动情况,零件之间的配合要求、定位和连接方式等,从而了解工作原理。

3）归纳总结

在进行了上述分析后,还应该再返回来对装配图重新研究,综合各部分的结构,想象总体结构形状。

读图时,上述三个步骤并不是截然分开的,常常要几个步骤反复穿插进行,以便完全读懂装配图及其所有零件的结构形状。

9.7.2　装配图拆画零件图

由装配图拆画零件工作图是设计零部件的一个重要环节,是在全面看懂装配图的基础上进行的。拆图时,应对所拆零件的作用进行分析,然后分拆该零件,即把零件从与其组装的其他零件中分离出来。

先在装配图各视图的投影轮廓中找出该零件的投影,将其从装配图中"分离"出来,而后结合分析结果,补齐所缺的轮廓线,再根据零件图的视图表达要求重新安排视图,注写尺寸及技术要求。由装配图中画出零件图的过程称为拆画零件图。

1）拆画零件图的一般方法和步骤

（1）看懂装配图,勾勒出零件的结构形状,拆图前必须认真阅读装配图,分析清楚装配关系、技术要求和各个零件的主要结构形状。

（2）确定视图表达方案

读出零件的结构形状后,要根据零件在装配图中的工作位置或零件的加工位置,重新选择视图,确定表达方案。

（3）补全工艺结构,完善零件的完整轮廓

在装配图上,零件的细小工艺结构,如倒角、倒圆、退刀槽等等往往被省略。拆图时,这些结构必须补全,并加以标准化。

(4) 标注尺寸,注写技术要求

零件图上要求完整、正确、清晰、合理地注出零件各组成部分的全部尺寸,在拆画出的零件图上进行尺寸标注时,一般注意以下几点:

① 凡装配图上已注出的有关该零件的尺寸,应直接照抄,不能随意改变。

② 零件上某些尺寸数值,应从明细栏或有关标准中查得。

③ 如所拆零件是齿轮、弹簧等传动零件或常用件,应根据装配图中所提供的参数,通过计算来确定。

④ 装配图中没有标注出的其他尺寸,可在装配图中直接测量,并按装配图的绘图比例换算、圆整后标出。

2) 拆画零件图举例

【例题】 从图 9-1 所示球阀装配图中拆画阀体(1 号零件)的零件图。

(1) 分离零件,想象零件的结构、形状

根据装配图各视图的投影轮廓中找出阀体的范围,再根据图中的剖面线及零件序号的标注范围,将阀体零件从装配图中分拆出来,经分析,阀体零件属箱体类零件,由阀杆孔、空腔的壳体及外螺管组成,如图 9-22 所示。

(2) 确定零件的表达方案

根据阀体零件的工作位置确定主视图的安放位置,并按形状特征原则决定其投射方向,该零件的主视图、左视图和俯视图的投影方向即为原装配图中的视图方向。通过其功能分析及想象补充完整,如图 9-23 所示。

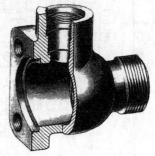

图 9-22 分拆阀体零件

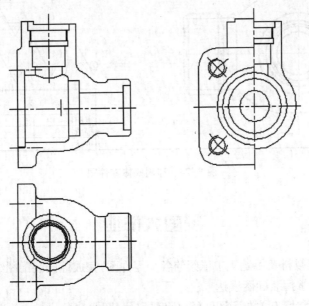

图 9-23 重新确定阀体的表达方案

（3）标注尺寸及技术要求，填写标题栏。

依据零件图的要求，正确、完整、清晰并尽可能合理地标注尺寸，再经过查阅标准并与同类零件的分析类比，标注技术要求，完成全图，如图9-24所示。

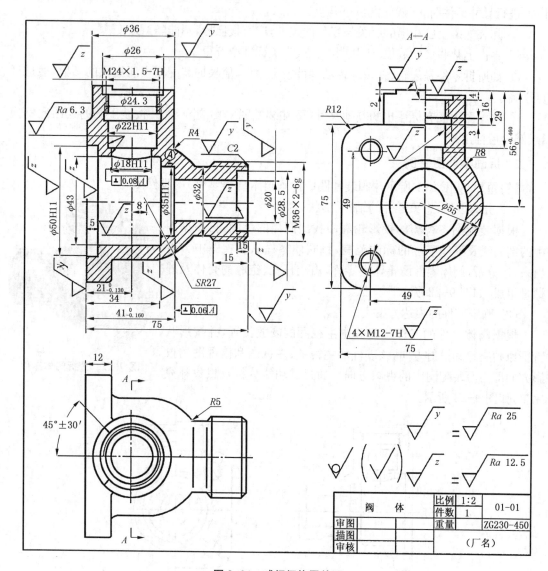

图 9-24　球阀阀体零件图

制图大作业

任　　务：依据教材及习题集中球阀的各个零件图，完成球阀装配图绘制。

任务目的：（1）掌握装配图表达方法。

（2）掌握有关装配图图幅、比例、字体、图线和尺寸标注的运用。

（3）掌握剖视图的画法。

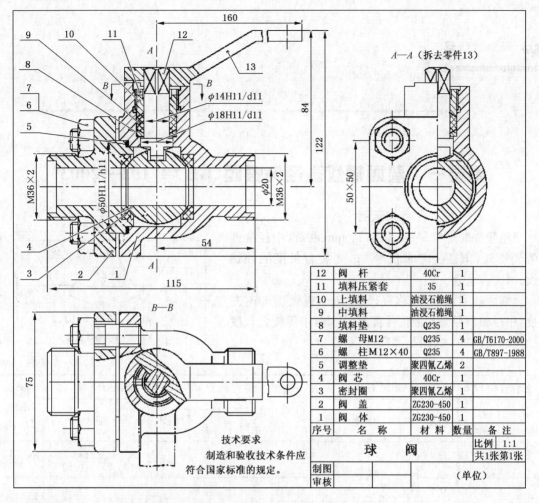

12	阀　杆	40Cr	1	
11	填料压紧套	35	1	
10	上填料	油浸石棉绳	1	
9	中填料	油浸石棉绳	1	
8	填料垫	Q235	1	
7	螺　母M12	Q235	4	GB/T6170-2000
6	螺　柱M12×40	Q235	4	GB/T897-1988
5	调整垫	聚四氟乙烯	2	
4	阀　芯	40Cr	1	
3	密封圈	聚四氟乙烯	1	
2	阀　盖	ZG230-450	1	
1	阀　体	ZG230-450	1	
序号	名　　称	材　料	数量	备　注

球　阀

比例　1:1
共1张第1张

| 制图 | | （单位） |
| 审核 | | |

技术要求
制造和验收技术条件应
符合国家标准的规定。

任务要求：(1) 采用印刷 A3 图纸，比例自行确定。

　　　　　(2) 准备好必需的绘图仪器和工具。

评分标准：(1) 标题栏、明细栏填写正确，字体书写规范。

　　　　　(2) 图线应用正确，线条流畅光滑，剖视图绘制、尺寸标注正确完整。

　　　　　(3) 图样清洁，布图合理。

附　录

附录一　普通螺纹直径与螺距（GB/T 193—2003）

标记示例

粗牙普通螺纹，公称直径 10 mm 右旋，中径公差带代号 5g，顶径公差带代号 6g，短旋合长度的外螺纹；M10—5g6g—S

细牙普通螺纹，公称直径 10 mm，螺距 1 mm，左旋，中径和顶径公差带代号都有是 6H，中等旋合长度的内螺纹；M10×1LH—6H

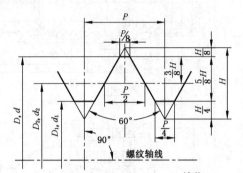

单位：mm

公称直径 D、d		螺距 P		粗牙小径 D_1、d_1	公称直径 D、d		螺距 P		粗牙小径 D_1、d_1
第一系列	第二系列	粗牙	细牙		第一系列	第二系列	粗牙	细牙	
3		0.5	0.35	2.459		22	2.5	2,1.5,1,(0.75),(0.5)	19.294
	3.5	0.6		2.850	24		3	2,1.5,1,(0.75)	20.752
4		0.7		3.242					
	4.5	0.75	0.5	3.688		27	3	2,1.5,1,(0.75)	23.752
5		0.8		4.134	30		3.5	(3),2,1.5,1,(0.75)	26.211
6		1	0.75,(0.5)	4.917		33	3.5	(3),2,1.5,(1),(0.75)	29.211
8		1.25	1,0.75,(0.5)	6.647	36		4	3,2,1.5,(1)	31.670
10		1.5	1.25,1,0.75,(0.5)	8.376		39	4		34.670
12		1.75	1.5,1.25,1,(0.75),(0.5)	10.106	42		4.5	(4),3,2,1.5,(1)	37.129
	14	2	15,(1.25),1,(0.75),(0.5)	11.835		45	4.5		40.129
16		2	1.5,1,(0.75),(0.5)	13.835	48		5		42.587
	18	2.5	2,1.5,1,(0.75),(0.5)	15.294		52	5	4,3,2,1.5,(1)	46.587
20		2.5		17.294	56		5.5		50.046

注：优先选用第一系列，括号内尺寸尽可能不用。

附录二　梯形螺纹直径与螺距（GB/T 5796.1～5796.4—2005）

标记示例

公称直径为 40 mm,螺距为 7 mm,右旋的单线梯形螺纹:Tr40×14(P7)

公称直径为 40 mm,导程为 14 mm,螺距为 7 mm,左旋的双线梯形螺纹:Tr40×14(P7)LH

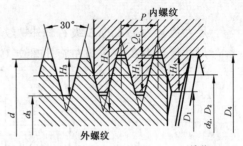

单位：mm

公称直径 d		螺距 P	中径 $D_2=d_2$	大径 D_4	基本直径 d		公称直径 d		螺距 P	中径 $D_2=d_2$	大径 D_4	基本直径 d	
第一系列	第二系列				d_3	D_1	第一系列	第二系列				d_3	D_1
8		1.5	7.25	8.3	6.2	6.5	24		3	22.5	24.5	20.5	21.0
									5	21.5	24.5	18.5	19.0
									8	20.0	25.0	15.0	16.0
	9	1.5	8.25	9.3	7.2	7.5		26	3	24.5	26.5	22.5	23.0
		2	8.0	9.5	6.5	7.0			5	23.5	26.5	20.5	21.0
									8	22.0	27.0	17.0	18.0
10		1.5	9.25	10.3	8.2	8.5	28		3	26.5	28.5	24.5	25.0
		2	9.0	10.5	7.5	8.0			5	25.5	28.5	22.5	23.0
									8	24.0	29.0	19.0	20.0
	11	2	10.0	11.5	8.5	9.0		30	3	28.5	30.5	26.5	27.0
		3	9.5		7.5	8.0			6	27.0	31.0	23.0	24.0
									10	25.0	31.0	19.0	20.0
12		2	11.0	12.5	9.5	10.0	32		3	30.5	32.5	28.5	29.0
		3	10.5		8.5	9.0			6	29.0	33.0	25.0	26.0
									10	27.0	33.0	21.0	21.0
	14	2	13	14.5	11.5	12.0		34	3	32.5	34.5	30.5	31.0
		3	12.5		10.5	11.0			6	31.0	35.0	27.0	28.0
									10	29.0	35.0	23.0	24.0
16		2	15.0	16.5	13.5	14.0	36		3	34.5	36.5	32.5	33.0
		4	14.0		11.5	12.0			6	33.0	37.0	29.0	30.0
									10	31.0	37.0	25.0	26.0
	18	2	17.0	18.5	15.5	16.0		38	3	36.5	38.5	34.5	35.0
		4	16.0		13.5	14.0			7	34.5	39.0	30.0	31.0
									10	33.0	39.0	27.0	28.0
20		2	19.0	20.5	17.5	18.0	40		3	38.5	40.5	36.5	37.0
		4	18.0		15.5	16.0			7	36.5	41.0	32.0	33.0
									10	35.0	41.0	29.0	30.0
	22	3	20.5	22.5	18.5	19.0		42	3	40.5	42.5	38.5	39.0
		5	19.5	22.5	16.5	17.0			7	38.5	43.0	34.0	35.0
		8	18.0	23.0	13.0	14.0			10	37.0	43.0	31.0	32.0

注:优先选用第一系列直径。

附录三 55°非密封管螺纹（GB/T 7307—2001）

标记示例

尺寸代号为1/2的A级右旋外螺纹:G1/2A

尺寸代号为2的A级左旋外螺纹:G2A - LH

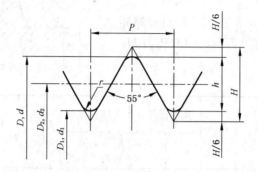

单位：mm

尺寸代号	每25.4 mm内的牙数	螺距 P	基本直径		尺寸代号	每25.4 mm内的牙数	螺距 P	基本直径	
			大径 d、D	小径 d_1、D_1				大径 d、D	小径 d_1、D_1
$\frac{1}{8}$	28	0.907	9.728	8.566	$1\frac{1}{4}$		2.309	41.910	38.952
$\frac{1}{4}$	19	1.337	13.157	11.445	$1\frac{1}{4}$		2.309	47.807	44.845
$\frac{3}{8}$		1.337	16.662	14.950	$1\frac{3}{4}$		2.309	53.746	50.788
$\frac{1}{2}$	14	1.814	20.955	18.631	2		2.309	59.614	56.656
$\left(\frac{5}{8}\right)$		1.814	22.911	20.587	$2\frac{1}{4}$	11	2.309	65.710	62.752
$\frac{3}{4}$		1.814	26.441	24.117	$2\frac{1}{2}$		2.309	75.184	72.226
$\left(\frac{7}{8}\right)$		1.814	30.201	27.877	$2\frac{3}{4}$		2.309	81.534	78.576
1	11	2.309	33.249	30.291	3		2.309	87.884	84.926
$1\frac{1}{8}$		2.309	37.897	34.393	4		2.309	113.030	110.072

附录四　六角头螺栓

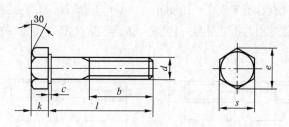

六角头螺栓—A级和B级(GB/T 5782—2000)

标记示例

螺纹规格:$d=12$ mm、公称长度 $l=80$ mm、性能等级为 A 级的六角头螺栓:螺栓 GB/T 5782　M12×80

单位:mm

螺纹规格 d		M4	M5	M6	M8	M10	M12	M16	M20	M24	M30	M36
s_{max}		7	8	10	13	16	18	24	30	36	46	55
k		2.8	3.5	4	5.3	6.4	7.5	10	12.5	15	18.7	22.5
c_{max}		0.4	0.5			0.6				0.8		
e_{min}	A	7.66	8.79	11.05	14.38	17.77	20.03	26.75	33.53	39.98	—	—
	B	7.50	8.63	10.89	14.20	17.59	19.85	26.17	32.95	39.55	50.85	51.11
b	$l \leqslant 125$	14	16	18	22	26	30	38	46	54	66	78
	$125 < l \leqslant 200$				28	32	36	44	52	60	72	84
	$l > 200$							57	65	73	85	97
l 范围		25～40	25～50	30～60	40～80	45～100	50～120	65～160	80～200	90～240	110～300	140～360
l 系列		20～65(5 进位),70～160(10 进位),180～500(20 进位)										

附录五　双头螺柱

$b_m = 1d(\text{GB/T 897}—1988)$　　　$b_m = 1.25d(\text{GB/T 898}—1988)$

$b_m = 1.5d(\text{GB/T 899}—1988)$　　$b_m = 2d(\text{GB/T 900}—1988)$

A 型　　　　　　　　　　　　B 型

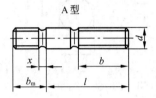 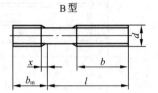

标记示例

　　两端均为粗牙普通螺纹,螺纹规格:$d = \text{M10}$、公称长度 $l = 50$ mm、$b_m = 1d$、B 型的双头螺柱:螺柱　GB/T 897 M10×50

单位:mm

螺纹规格 d		M5	M6	M8	M10	M12	M16	M20	M24	M30	M36
b_m	GB/T 897	5	6	8	10	12	16	20	24	30	36
	GB/T 898	6	8	10	12	15	20	25	30	38	45
	GB/T 899	8	10	12	15	18	24	30	36	45	54
	GB/T 900	10	12	16	20	24	32	40	48	60	72
d_s		A 型 d_s=螺纹大径,B 型 d_s≈螺纹小径									
x		$1.5P$									
$\dfrac{l}{b}$		$\dfrac{16\sim22}{10}$ $\dfrac{25\sim50}{16}$	$\dfrac{20\sim22}{10}$ $\dfrac{25\sim30}{14}$ $\dfrac{32\sim75}{18}$	$\dfrac{20\sim22}{12}$ $\dfrac{25\sim30}{16}$ $\dfrac{32\sim90}{22}$	$\dfrac{25\sim28}{14}$ $\dfrac{30\sim38}{16}$ $\dfrac{40\sim120}{26}$ $\dfrac{130}{32}$	$\dfrac{25\sim30}{16}$ $\dfrac{32\sim40}{20}$ $\dfrac{45\sim120}{30}$ $\dfrac{130\sim180}{36}$	$\dfrac{30\sim38}{20}$ $\dfrac{40\sim55}{30}$ $\dfrac{60\sim120}{38}$ $\dfrac{130\sim200}{44}$	$\dfrac{35\sim40}{25}$ $\dfrac{45\sim65}{35}$ $\dfrac{70\sim120}{46}$ $\dfrac{130\sim200}{52}$	$\dfrac{45\sim50}{30}$ $\dfrac{60\sim75}{45}$ $\dfrac{80\sim120}{54}$ $\dfrac{130\sim200}{52}$	$\dfrac{60\sim65}{40}$ $\dfrac{70\sim90}{50}$ $\dfrac{95\sim120}{60}$ $\dfrac{130\sim200}{72}$ $\dfrac{210\sim250}{85}$	$\dfrac{65\sim75}{45}$ $\dfrac{80\sim110}{60}$ $\dfrac{120}{78}$ $\dfrac{130\sim200}{84}$ $\dfrac{210\sim300}{97}$
l 系列		16、20、25、30、35、40、45、50、60、70、80、90、100、110、120、130、140、150、160、170、180、190、200、210、220、230、240、250、260、280、300									

附录六　螺钉

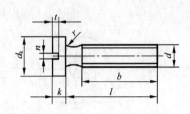

开槽盘头螺钉(GB/T 67—2008)

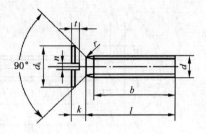

开槽沉头螺钉(GB/T 68—2000)

标记示例

螺纹规格 d = M5、公称长度 l = 20 mm、性能等级为 4.8 级、不经表面处理的开槽盘头螺钉:螺柱　GB/T 67　M5×20

单位:mm

螺纹规格 d		M1.6	M2	M2.5	M3	M4	M5	M6	M8	M10
GB/T 67 —2008	d_k	3.2	4	5	5.6	8	9.5	12	16	23
	k	1	1.3	1.5	1.8	2.4	3	3.6	4.8	6
	t_{min}	0.35	0.5	0.6	0.7	1	1.2	1.4	1.9	2.4
	r_{max}	0.1	0.1	0.1	0.1	0.2	0.2	0.25	0.4	0.4
	l 范围	2~16	2.5~20	3~25	4~30	5~40	6~50	8~60	10~80	12~80
GB/T 68 —2000	d_k	3	3.8	4.7	5.5	8.4	9.3	11.3	15.8	18.3
	k	1	1.2	1.5	1.65	2.7	2.7	3.3	4.65	5
	t_{min}	0.32	0.4	0.5	0.6	1	1.1	1.2	1.8	2
	r_{max}	0.4	0.5	0.6	0.8	1	1.3	1.5	2	2.5
	l 范围	2.5~16	3~20	4~25	5~30	6~40	8~50	8~60	10~80	12~80
n		0.4	0.5	0.6	0.8	1.2	1.2	1.6	2	2.5
b		25				38				
l 系列		2、2.5、3、4、5、6、8、10、12、(14)、16、20、25、30、35、40、45、50、(55)、60、(65)、70、(75)、80								

附录七 内六角圆柱头螺钉(GB/T 70.1—2008)

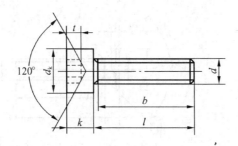

标记示例

螺纹规格 d = M5、公称长度 l = 20 mm、性能等级为 8.8 级、表面氧化的内六角圆柱头螺钉:螺柱 GB/T 70.1 M5×20

单位:mm

螺纹规格 d	M3	M4	M5	M6	M8	M10	M12	(M14)	M16	M20	M24
P	0.5	0.7	0.8	1	1.25	1.5	1.75	2	2	2.5	3
b	18	20	22	24	28	32	36	40	44	52	60
d_{kmax}	5.5	7	8.5	10	13	16	18	21	24	30	36
k_{max}	3	4	5	6	8	10	12	14	16	20	24
t_{min}	1.3	2	2.5	3	4	5	6	7	8	10	12
s	2.5	3	4	5	6	8	10	12	14	17	19
e_{min}	2.87	3.44	4.58	5.72	6.86	9.15	11.43	13.72	16	19.44	21.73
l 范围	5~30	6~40	8~50	10~60	12~80	16~100	20~120	25~140	25~160	30~200	40~200
l 系列	5,6,8,10,12,16,20,25,30,35,40,45,50,55,60,65,70,80,90,100,110,120,130,140,150,160,180,200										

附录八　开槽紧定螺钉

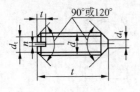

锥端(GB/T 71—1985)

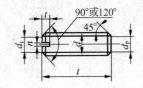

平端(GB/T 73—1985)

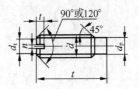

长圆柱端(GB/T 75—1985)

标记示例

螺纹规格 d = M5、公称长度 l = 12 mm、性能等级为 14H 级、表面氧化的开槽锥端紧定螺钉:螺柱　GB/T 71　M5×12

单位:mm

螺纹规格 d	P	d_f	d_{tmax}	d_{pmax}	n	t		Z_{min}	l
						min	max		
M3	0.5	螺纹小径	0.3	2	0.4	0.8	1.05	1.5	4~16
M4	0.7		0.4	2.5	0.6	1.12	1.42	2	6~20
M5	0.8		0.5	3	0.8	1.28	1.63	2.5	8~25
M6	1		1.5	3.5	1	1.6	2	3	8~30
M8	1.25		2	4	1.2	2	2.5	4	10~40
M10	1.5		2.5	5.5	1.6	2.4	3	5	12~50
l 系列	2,2.5,3,4,5,6,8,10,12,16,20,25,30,35,40,45,50,60								

附录九 螺母

六角螺母—A级和B级(GB/T 6170—2000)　　　六角螺母—C级(GB/T 41—2000)

标记示例

螺纹规格 D = M12、性能等级为 5 级、不经表面处理、C 级的 1 型六角螺母:螺柱　GB/T 41 M12

单位:mm

螺纹规格 D		M5	M6	M8	M10	M12	M16	M20	M24	M30	M36
c		0.5			0.6		0.8				
s_{max}		8	10	13	16	18	24	30	36	46	55
e_{min}	A、B级	8.79	11.05	14.38	17.77	20.03	26.75	32.95	39.55	50.85	60.79
	C级	8.63	10.89	14.20	17.59	19.85	26.17	32.95	39.55	50.85	60.79
d_{wmin}	A、B级	6.9	8.9	11.6	14.6	16.6	22.5	27.7	33.2	42.7	51.1
	C级	6.9	8.7	11.5	14.5	16.5	22	27.7	33.2	42.7	51.1
m_{max}	A、B级	4.7	5.2	6.8	8.4	10.8	14.8	18	21.5	25.6	31
	C级	5.6	6.4	7.9	9.5	12.2	15.9	19	22.3	26.4	31.5

注:1. 螺纹公差:A、B级为6H,C级为7H;力学性能:A、B级为6、8、10级,C级为4、5级。

　　2. A级用于 $D \leqslant 16$ 的螺母,B级用于 $D > 16$ 的螺母,C级用于 $D \geqslant 5$ 的螺母。

附录十　垫圈

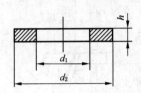

平垫圈—A 级(GB/T 97.1—2002)

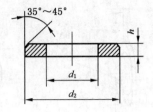

平垫圈倒角型—A 级(GB/T 97.2—2002)

标记示例

公称尺寸$d = 8$ mm,由钢制造的硬度等级为200HV级,不经表面处理、产品等级为A级的平垫圈:垫圈　GB/T 97.1　8

单位:mm

规格(螺纹直径)	2	2.5	3	4	5	6	8	10	12	14	16	20	24	30
内径d_1	2.2	2.7	3.2	4.3	5.3	6.4	8.4	10.5	13	15	17	21	25	31
外径d_2	5	6	7	9	10	12	16	20	24	28	30	37	44	56
厚度h	0.3	0.5	0.5	0.8	1	1.6	1.6	2	2.5	2.5	3	3	4	4

附录十一 标准型弹簧垫圈(GB／T 93—1987)

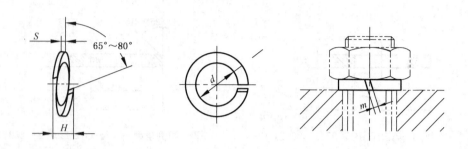

标记示例

公称直径 16 mm、材料为 65Mn、表面氧化的标准型弹簧垫圈：垫圈 GB/T 93 16

单位：mm

规格(螺纹大径)	4	5	6	8	10	12	16	20	24	30	36
d_{fmin}	4.1	5.1	6.2	8.2	10.2	12.3	16.3	20.5	24.5	30.5	36.6
$S=b$	1.1	1.3	1.6	2.1	2.6	3.1	4.1	5	6	7.5	9
$m\leqslant$	0.55	0.65	0.8	1.05	1.3	1.55	2.05	2.5	3	3.75	4.5
H_{max}	2.75	3.25	4	5.25	6.5	7.75	10.25	12.5	15	18.75	22.5

附录十二　普通平键(GB/T 1096—2003)

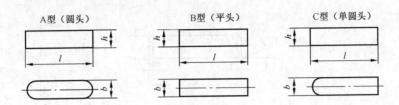

A型(圆头)　　　　B型(平头)　　　　C型(单圆头)

标记示例

圆头普通平键(A型)　$b=16\,\text{mm}, h=10\,\text{mm}, l=100\,\text{mm}$：键 16×100　GB/T 1096—2003

单位：mm

轴 径	键		键 槽				
			宽 度			深 度	
d	$b\times h$	l	b	一般键连接偏差		轴 t	毂 t_1
				轴 N9	毂 JS9		
自 6~8	2×2	6~20	2	− 0.004 − 0.029	±0.0125	1.2	1
>8~10	3×3	6~36	3			1.8	1.4
>10~12	4×4	8~45	4	0 − 0.030	±0.018	2.5	1.8
>12~17	5×5	10~56	5			3.0	2.3
>17~22	6×6	14~70	6			3.5	2.8
>22~30	8×7	18~90	8	0 − 0.036	±0.018	4.0	3.3
>30~38	10×8	22~110	10			5.0	3.3
>38~44	12×8	28~140	12			5.0	3.3
>44~50	14×9	36~160	14	0 − 0.043	±0.0215 ±0.026	5.5	3.8
>50~58	16×10	45~180	16			6.0	4.3
>58~65	18×11	50~200	18			7.0	4.4
>65~75	20×12	56~220	20			7.5	4.9
>75~85	22×14	63~250	22	0 − 0.052	±0.026	9.0	5.4
>85~95	25×14	70~280	25			9.0	5.4
>95~110	28×16	80~320	28			10.0	6.4
>110~130	32×18	80~360	32	0 − 0.062	±0.031	11.0	7.4
>130~150	36×20	100~400	36			12.0	8.4
>150~170	40×22	100~400	40			13.0	9.4
>170~200	45×25	110~500	45			15.0	10.4
l 系列	6、8、10、12、16、18、20、22、25、28、32、36、40、45、50、56、63、70、80、90、100、110、125、140、160、180、200、220、250、280、320、360、400、450						

附录十三 圆柱销(GB／T 119.1—2000)

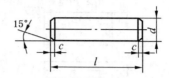

标记示例

公称直径 $d = 8$ mm、公差为 m6、长度 $l = 30$ mm、材料 35 钢、不经淬火、不经表面处理的圆柱销:销 GB／T 119.1 8m6×30

单位:mm

d	2	3	4	5	6	8	10	12
$c\approx$	0.35	0.50	0.63	0.80	1.2	1.6	2	2.5
l 范围	6～20	8～30	8～40	10～50	12～60	14～80	18～95	22～140
l 系列	2,3,4,5,6～32(2进位)、35～100(5进位)、120～200(20进位)							

附录十四　圆锥销(GB/T 117—2000)

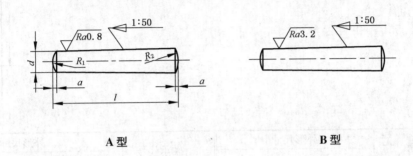

A 型　　　　　　　　　　　B 型

标记示例

公称直径 $d = 10\,mm$、长度 $l = 60\,mm$、材料 35 钢、热处理硬度 28~38HRC、表面氧化处理的 A 型圆柱销:销　GB/T 117　10×60

单位:mm

d	2	2.5	3	4	5	6	8	10	12
$a\approx$	0.25	0.3	0.4	0.5	0.63	0.8	1	1.2	1.6
l 范围	10~35	10~35	12~45	14~55	18~60	22~90	22~120	26~160	32~180
l 系列	2,3,4,5,6~32(2 进位),35~100(5 进位),120~200(20 进位)								

附录十五 深沟球轴承(GB/T 276—1994)

标记示例

类型代号6、尺寸系列代号03、内径代号07的滚动轴承:滚动轴承 6307 GB/T 276—1994

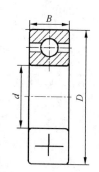

单位：mm

轴承代号		外形尺寸			轴承代号	外形尺寸		
		d	D	B		d	D	B
10 系列	6004	20	42	12	03 系列	6304	20	52	15
	6005	25	47	12		6305	25	62	17
	6006	30	55	13		6306	30	72	19
	6007	35	62	14		6307	35	80	21
	6008	40	68	15		6308	40	90	23
	6009	45	75	16		6309	45	100	25
	6010	50	80	16		6310	50	100	27
	6011	55	90	18		6311	55	120	29
	6012	60	95	18		6312	60	130	31
	6013	65	100	18		6313	65	140	33
	6014	70	110	20		6314	70	150	35
	6015	75	115	20		6315	75	160	37
	6016	80	125	22		6316	80	170	39
	6017	85	130	22		6317	85	180	41
	6018	90	140	24		6318	90	190	43
02 系列	6204	20	47	14	04 系列	6404	20	72	19
	6205	25	52	15		6405	25	80	21
	6206	30	62	16		6406	30	90	23
	6207	35	72	17		6407	35	100	25
	6208	40	80	18		6408	40	110	27
	6209	45	85	19		6409	45	120	29
	6210	50	90	20		6410	50	130	31
	6211	55	100	21		6411	55	140	33
	6212	60	110	22		6412	60	150	35
	6213	65	120	23		6413	65	160	37
	6214	70	125	24		6414	70	180	42
	6215	75	130	25		6415	75	190	45
	6216	80	140	26		6416	80	200	48
	6217	85	150	28		6417	85	210	52
	6218	90	160	30		6418	90	225	54

附录十六 圆锥滚子轴承(GB/T 297—1994)

标记示例

类型代号 3、尺寸系列代号 03、内径代号 07 的滚动轴承:滚动轴承 30307
GB/T 297—1994

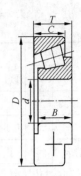

单位:mm

轴承代号	外形尺寸					轴承代号	外形尺寸				
	d	D	T	B	C		d	D	T	B	C
30204	20	47	15.25	14	12	32204	20	47	19.25	18	15
30205	25	52	16.25	15	13	32205	25	52	19.25	18	16
30206	30	62	17.25	16	14	32206	30	62	21.25	20	17
30207	35	72	18.25	17	15	32207	35	72	24.25	23	19
30208	40	80	19.25	18	16	32208	40	80	24.75	23	19
30209	45	85	20.25	19	16	32209	45	85	24.75	23	19
30210	50	90	21.25	20	17	32210	50	90	24.75	23	19
30211	55	100	22.25	21	18	32211	55	100	26.75	25	21
30212	60	110	23.25	22	19	32212	60	110	29.75	28	24
30213	65	120	24.25	23	20	32213	65	120	32.75	31	27
30214	70	125	26.25	24	21	32214	70	125	33.25	31	27
30215	75	130	27.25	25	22	32215	75	130	33.25	31	27
30216	80	140	28.25	26	22	32216	80	140	35.25	33	28
30217	85	150	30.50	28	24	32217	85	150	35.50	36	30
30218	90	160	32.50	30	26	32218	90	160	42.50	40	34
30304	20	52	16.25	15	13	32304	20	52	22.25	21	18
30305	25	62	18.25	17	15	32305	25	62	25.25	24	20
30306	30	72	20.75	19	16	32306	30	72	28.75	27	23
30307	35	80	22.75	21	18	32307	35	80	32.75	31	25
30308	40	90	25.25	23	20	32308	40	90	35.25	33	27
30309	45	100	27.25	25	22	32309	45	100	28.25	36	30
30310	50	110	29.25	27	23	32310	50	110	42.25	40	33
30311	55	120	31.50	29	25	32311	55	120	45.50	43	35
30312	60	130	33.50	31	26	32312	60	130	48.50	46	37
30313	65	140	36	33	28	32313	65	140	51	48	39
30314	70	150	38	35	30	32314	70	150	54	51	42
30315	75	160	40	37	31	32315	75	160	58	55	45
30316	80	170	42.50	39	33	32316	80	170	61.50	58	48
30317	85	180	44.50	41	34	32317	85	180	63.50	60	49
30318	90	190	46.50	43	36	32318	90	190	67.50	64	53

左侧:02 系列(30204—30218),03 系列(30304—30318)
右侧:22 系列(32204—32218),23 系列(32304—32318)

附录十七　标准公差数值(GB/T 1800.3—1998)

单位：mm

基本尺寸		公差等级																		
大于	至	IT1	IT2	IT3	IT4	IT5	IT6	IT7	IT8	IT9	IT10	IT11	IT12	IT13	IT14	IT15	IT16	IT17	IT18
		μm											mm						
—	3	0.8	1.2	2	3	4	6	10	14	25	40	60	0.10	0.14	0.25	0.40	0.60	1.0	1.4
3	6	1	1.5	2.5	4	5	8	12	18	30	48	75	0.12	0.18	0.30	0.48	0.75	1.2	1.8
6	10	1	1.5	2.5	4	6	9	15	22	36	58	90	0.15	0.22	0.36	0.58	0.90	1.5	2.2
10	18	1.2	2	3	5	8	11	18	27	43	70	110	0.18	0.27	0.43	0.70	1.10	1.8	2.7
18	30	1.5	2.5	4	6	9	13	21	33	52	84	130	0.21	0.33	0.52	0.84	1.30	2.1	3.3
30	50	1.5	2.5	4	7	11	16	25	39	62	100	160	0.25	0.39	0.62	1.00	1.60	2.5	3.9
50	80	2	3	5	8	13	19	30	46	74	120	190	0.30	0.46	0.74	1.20	1.90	3.0	4.6
80	120	2.5	4	6	10	15	22	35	54	87	140	220	0.35	0.54	0.87	1.40	2.20	3.5	5.4
120	180	3.5	5	8	12	18	25	40	63	100	160	250	0.40	0.63	1.00	1.60	2.50	4.0	6.3
180	250	4.5	7	10	14	20	29	46	72	115	185	290	0.46	0.72	1.15	1.85	2.90	4.6	7.2
250	315	6	8	12	16	23	32	52	81	130	210	320	0.52	0.81	1.30	2.10	3.20	5.2	8.1
315	400	7	9	13	18	25	36	57	89	140	230	360	0.57	0.89	1.40	2.30	3.60	5.7	8.9
400	500	8	10	15	20	27	40	63	97	155	250	400	0.63	0.97	1.55	2.50	4.00	6.3	9.7

附录十八　轴极限偏差表（节选）（GB/T 1801—2009）

单位：mm

基本尺寸		公差带												
		c	d	f	g	h				k	n	p	s	u
大于	至	11	9	7	6	6	7	9	11	6	6	6	6	6
10	14	−95 / −205	−50 / −93	−16 / −34	−6 / −17	0 / −11	0 / −18	0 / −43	0 / −110	+12 / +1	+23 / +12	+29 / +18	+39 / +28	+44 / +33
14	18	−95 / −205	−50 / −93	−16 / −34	−6 / −17	0 / −11	0 / −18	0 / −43	0 / −110	+12 / +1	+23 / +12	+29 / +18	+39 / +28	+44 / +33
18	24	−110 / −240	−65 / −117	−20 / −41	−7 / −20	0 / −13	0 / −21	0 / −52	0 / −130	+15 / +2	+28 / +15	+35 / +22	+48 / +35	+54 / +41
24	30	−110 / −240	−65 / −117	−20 / −41	−7 / −20	0 / −13	0 / −21	0 / −52	0 / −130	+15 / +2	+28 / +15	+35 / +22	+48 / +35	+61 / +48
30	40	−120 / −280	−80 / −142	−25 / −50	−9 / −25	0 / −16	0 / −25	0 / −62	0 / −160	+18 / +2	+33 / +17	+42 / +26	+59 / +43	+76 / +60
40	50	−130 / −290	−80 / −142	−25 / −50	−9 / −25	0 / −16	0 / −25	0 / −62	0 / −160	+18 / +2	+33 / +17	+42 / +26	+59 / +43	+86 / +70
50	65	−140 / −330	−100 / −174	−30 / −60	−10 / −29	0 / −19	0 / −30	0 / −74	0 / −190	+21 / +2	+39 / +20	+51 / +32	+72 / +53	+106 / +87
65	80	−150 / −340	−100 / −174	−30 / −60	−10 / −29	0 / −19	0 / −30	0 / −74	0 / −190	+21 / +2	+39 / +20	+51 / +32	+78 / +59	+121 / +102
80	100	−170 / −390	−120 / −207	−36 / −71	−12 / −34	0 / −22	0 / −35	0 / −87	0 / −220	+25 / +3	+45 / +23	+59 / +37	+93 / +71	+146 / +124
100	120	−180 / −400	−120 / −207	−36 / −71	−12 / −34	0 / −22	0 / −35	0 / −87	0 / −220	+25 / +3	+45 / +23	+59 / +37	+101 / +79	+166 / +144
120	140	−200 / −450	−145 / −245	−43 / −83	−14 / −39	0 / −25	0 / −40	0 / −100	0 / −250	+28 / +3	+52 / +27	+68 / +43	+117 / +92	+195 / +170
140	160	−210 / −460	−145 / −245	−43 / −83	−14 / −39	0 / −25	0 / −40	0 / −100	0 / −250	+28 / +3	+52 / +27	+68 / +43	+125 / +100	+215 / +190
160	180	−230 / −480	−145 / −245	−43 / −83	−14 / −39	0 / −25	0 / −40	0 / −100	0 / −250	+28 / +3	+52 / +27	+68 / +43	+133 / +108	+235 / +210
180	200	−240 / −530	−170 / −285	−50 / −96	−15 / −44	0 / −29	0 / −46	0 / −115	0 / −290	+33 / +4	+60 / +31	+79 / +50	+151 / +122	+265 / +236
200	225	−260 / −550	−170 / −285	−50 / −96	−15 / −44	0 / −29	0 / −46	0 / −115	0 / −290	+33 / +4	+60 / +31	+79 / +50	+159 / +130	+287 / +258
225	250	−280 / −570	−170 / −285	−50 / −96	−15 / −44	0 / −29	0 / −46	0 / −115	0 / −290	+33 / +4	+60 / +31	+79 / +50	+169 / +140	+313 / +284
250	280	−300 / −620	−190 / −320	−56 / −108	−17 / −49	0 / −32	0 / −52	0 / −130	0 / −320	+36 / +4	+66 / +34	+88 / +56	+190 / +158	+347 / +315
280	315	−330 / −650	−190 / −320	−56 / −108	−17 / −49	0 / −32	0 / −52	0 / −130	0 / −320	+36 / +4	+66 / +34	+88 / +56	+202 / +170	+382 / +350
315	355	−360 / −720	−210 / −350	−62 / −119	−18 / −54	0 / −36	0 / −57	0 / −140	0 / −360	+40 / +4	+73 / +37	+98 / +62	+226 / +190	+426 / +390
355	400	−400 / −760	−210 / −350	−62 / −119	−18 / −54	0 / −36	0 / −57	0 / −140	0 / −360	+40 / +4	+73 / +37	+98 / +62	+244 / +208	+471 / +435
400	450	−440 / −840	−230 / −385	−68 / −131	−20 / −60	0 / −40	0 / −63	0 / −155	0 / −400	+45 / +5	+80 / +40	+108 / +68	+272 / +232	+530 / +490
450	500	−480 / −880	−230 / −385	−68 / −131	−20 / −60	0 / −40	0 / −63	0 / −155	0 / −400	+45 / +5	+80 / +40	+108 / +68	+292 / +252	+580 / +540

附录十九 孔极限偏差表（节选）（GB/T 1801—2009）

单位：mm

基本尺寸 大于	至	C11	D9	F8	G7	H7	H8	H9	H11	K7	N7	P7	S7	U7
10	14	+205/+95	+93/+50	+43/+16	+24/+6	+18/0	+27/0	+43/0	+110/0	+6/-12	-5/-23	-11/-29	-21/-39	-26/-44
14	18	+205/+95	+93/+50	+43/+16	+24/+6	+18/0	+27/0	+43/0	+110/0	+6/-12	-5/-23	-11/-29	-21/-39	-26/-44
18	24	+240/+110	+117/+65	+53/+30	+28/+7	+21/0	+33/0	+52/0	+130/0	+6/-15	-7/-28	-14/-35	-27/-48	-33/-54
24	30	+240/+110	+117/+65	+53/+30	+28/+7	+21/0	+33/0	+52/0	+130/0	+6/-15	-7/-28	-14/-35	-27/-48	-40/-61
30	40	+280/+120	+142/+80	+64/+25	+34/+9	+25/0	+39/0	+62/0	+160/0	+7/-18	-8/-33	-17/-42	-34/-59	-51/-76
40	50	+290/+130	+142/+80	+64/+25	+34/+9	+25/0	+39/0	+62/0	+160/0	+7/-18	-8/-33	-17/-42	-34/-59	-61/-86
50	65	+330/+140	+174/+100	+76/+30	+40/+10	+30/0	+46/0	+74/0	+190/0	+9/-21	-9/-39	-21/-51	-42/-72	-76/-106
65	80	+340/+150	+174/+100	+76/+30	+40/+10	+30/0	+46/0	+74/0	+190/0	+9/-21	-9/-39	-21/-51	-48/-78	-91/-121
80	100	+390/+170	+207/+120	+90/+36	+47/+12	+35/0	+54/0	+87/0	+220/0	+10/-25	-10/-45	-24/-59	-58/-93	-111/-146
100	120	+400/+180	+207/+120	+90/+36	+47/+12	+35/0	+54/0	+87/0	+220/0	+10/-25	-10/-45	-24/-59	-66/-101	-131/-166
120	140	+450/+200	+245/+145	+106/+43	+54/+14	+40/0	+63/0	+100/0	+250/0	+12/-28	-12/-52	-28/-68	-77/-117	-155/-195
140	160	+460/+210	+245/+145	+106/+43	+54/+14	+40/0	+63/0	+100/0	+250/0	+12/-28	-12/-52	-28/-68	-85/-125	-175/-215
160	180	+480/+230	+245/+145	+106/+43	+54/+14	+40/0	+63/0	+100/0	+250/0	+12/-28	-12/-52	-28/-68	-93/-133	-195/-235
180	200	+530/+240	+285/+170	+122/+50	+61/+15	+46/0	+72/0	+115/0	+290/0	+13/-33	-14/-60	-33/-79	-105/-151	-219/-265
200	225	+550/+260	+285/+170	+122/+50	+61/+15	+46/0	+72/0	+115/0	+290/0	+13/-33	-14/-60	-33/-79	-113/-159	-241/-287
225	250	+570/+280	+285/+170	+122/+50	+61/+15	+46/0	+72/0	+115/0	+290/0	+13/-33	-14/-60	-33/-79	-123/-169	-267/-313
250	280	+620/+300	+320/+190	+137/+56	+69/+17	+52/0	+81/0	+130/0	+320/0	+16/-36	-14/-66	-36/-88	-138/-190	-295/-347
280	315	+650/+330	+320/+190	+137/+56	+69/+17	+52/0	+81/0	+130/0	+320/0	+16/-36	-14/-66	-36/-88	-150/-202	-330/-382
315	355	+720/+360	+350/+210	+151/+62	+75/+18	+57/0	+89/0	+140/0	+360/0	+17/-40	-16/-73	-41/-98	-169/-226	-369/-426
355	400	+760/+400	+350/+210	+151/+62	+75/+18	+57/0	+89/0	+140/0	+360/0	+17/-40	-16/-73	-41/-98	-187/-244	-414/-471
400	450	+840/+440	+385/+230	+165/+68	+83/+20	+63/0	+97/0	+155/0	+400/0	+18/-45	-17/-80	-45/-108	-209/-272	-467/-530
450	500	+880/+480	+385/+230	+165/+68	+83/+20	+63/0	+97/0	+155/0	+400/0	+18/-45	-17/-80	-45/-108	-229/-292	-517/-580

附录二十　常用金属材料

标准编号	名　称	牌　号	性能及应用举例	说　明
GB/T 699 —1999	优质碳素结构钢	15	用于螺栓、螺钉、法兰盘等	牌号的两位数字表示平均含碳量,45 号钢即表示平均含碳量为 0.45%
		45	用于强度要求较高的零件,如叶轮、齿轮、轴等	
		65Mn	强度高,适宜各种扁、圆弹簧	
GB/T 700 —2006	普通碳素结构钢	Q215	金属结构构件;吊钩、拉杆、车钩、套圈、螺栓、螺母、连杆及焊接件	Q 为"屈"的第一个汉语拼音字母,215、235 表示该钢的屈服极限值
		Q235		
GB/T 3077 —1999	合金结构钢	35SiMn	耐磨、耐疲劳性均佳,适用于作轴、齿轮	钢中加入一定量的合金元素,提高了钢的机械性能和耐磨性
		20CrMnTi	工艺性能特优,用于重要齿轮和轴,需渗碳处理	
GB/T 1221 —1992	不锈钢	1Cr18 Ni9Ti	用于化工设备的各种锻件,喷管及集合器等零件	耐酸、耐热
GB/T 9439 —1988	灰铸铁	HT150	用于制造端盖、汽轮泵体、轴承座、阀壳等	"HT"为灰铸铁的代号,后面的数字代表抗拉强度
		HT200	用于制造齿轮、飞轮、齿条、床身、缸体、泵体和阀体等	
GB/T 1298 —1986	碳素工具钢	T8、T8A	较高的硬度,用于制造低速工具,如钻头、锯、冲头等	用"碳"或"T"后附以平均含碳量的千分数表示
GB/T 5231 — 2001	普通黄铜	H62	散热器、垫圈、螺钉等	"H"表示黄铜,62 表示含铜量 60.5%～63.5%
YS/T 544 —2006	铸黄铜	ZHMnD 58-2-2	一般用途的结构件,如套筒、滑块、轴瓦、衬套	含铜 57%～60%,锰 1.5%～2.5%,铅 1.5%～2.5%
GB/T 1173 —1995	铸铝合金	ZL102	汽缸活塞以及复杂薄壁零件	ZL102 表示含硅 10%～30%

参考文献

[1] 郑和东,成海涛. 机械制图. 哈尔滨:哈尔滨工程大学出版社,2010

[2] 全国技术产品文件标准技术委员会,中国标准出版社三编辑室. 2010 机械制图国家标准汇编. 北京:中国标准出版社,2010

[3] 蒋知民,张洪鏸. 怎样识读《机械制图》新标准. 北京:机械工业出版社,2010

[4] 李绍鹏,刘冬敏. 机械制图. 上海:复旦大学出版社,2011

[5] 郭永成,赖志刚. 机械制图. 南京:南京大学出版社,2013

[6] 江建刚,罗林. 机械制图. 哈尔滨:哈尔滨工业大学出版社,2013

[7] 王其昌,翁民玲. 机械制图. 北京:机械工业出版社,2014